WCDMA 基站系统原理与装调维护

胡晓光 杨薇 徐觉元 ◎ 主编

苗雨 张瑞 张培 ◎ 副主编

U0350390

WCDMA Base Station System and Adjustment and Maintenance

人民邮电出版社

北京

图书在版编目（ＣＩＰ）数据

WCDMA基站系统原理与装调维护 / 胡晓光，杨薇，徐
觉元主编. -- 北京 : 人民邮电出版社，2013.9
ISBN 978-7-115-32770-3

Ⅰ. ①W… Ⅱ. ①胡… ②杨… ③徐… Ⅲ. ①时分多
址移动通信—通信设备 Ⅳ. ①TN929.533

中国版本图书馆CIP数据核字(2013)第195698号

内 容 提 要

本书是 3G 移动通信的专业课教材。全书共分 5 章，分别讲解 WCDMA 系统的结构原理和关键技术、NodeB 基站系统的配置与组网、基站电缆及 NodeB 设备安装、NodeB 系统的开通调试、NodeB 设备的运行维护与故障处理等。

本书以华为产品为例，讲解 3G 移动通信行业工程和项目的相关技术，并在此基础之上学习 WCDMA 基站设备的安装、调测和维护技能。

本书通过多种图例、表格的方式展示了各种实操项目，并对各项目中使用的设备进行了较为详细的说明，使读者能够直观、生动地学习相关知识，达到较好的教学效果。并且，本书在每一主要章节均设计了对应相关技术的实践任务，包括任务描述、完成任务需学习的相关知识、任务实施、任务评价等项目。任务评价采取自我评价、小组评价、教师评价相结合的方式，能够全面、公正地对学生的学习效果进行评估。

本书可作为全日制高等职业技术学院通信专业的教材，也可作为通信企业中运维人员技能鉴定、新员工上岗培训等的参考书。

◆ 主　编　胡晓光　杨　薇　徐觉元
　　副主编　苗　雨　张　瑞　张　培
　　责任编辑　韩旭光
　　责任印制　沈　蓉　杨林杰

◆ 人民邮电出版社出版发行　　北京市崇文区夕照寺街 14 号
　　邮编　100061　　电子邮件　315@ptpress.com.cn
　　网址　http://www.ptpress.com.cn
　　北京艺辉印刷有限公司印刷

◆ 开本：787×1092　1/16
　　印张：11　　　　　　　　　2013 年 9 月第 1 版
　　字数：255 千字　　　　　　2013 年 9 月北京第 1 次印刷

定价：35.00 元

读者服务热线：**(010)67132746**　印装质量热线：**(010)67129223**
反盗版热线：**(010)67171154**
广告经营许可证：京崇工商广字第 0021 号

从 2001 年世界上第一个 WCDMA 网络实现商用至今，WCDMA 技术已成为当前世界上正式采用的国家和地区最广泛、终端种类最丰富的一种 3G 移动通信技术标准，已有 538 个 WCDMA 运营商在 246 个国家和地区开通了 WCDMA 网络，与 WCDMA 技术相关联的商用市场份额在整个移动通信领域超过 80%，并且 WCDMA 向下兼容的 GSM 网络已覆盖 184 个国家，遍布全球，WCDMA 用户数已超过 6 亿。在我国，中国联通公司于 2009 年 5 月 17 日开始试商用 WCDMA 服务，10 月 1 日正式商用 WCDMA R6 网络，最高下载速率可以达到 7.2Mbit/s。2013 年，在全国主要大中城市开通的 HSPA+业务最大理论下行速率达到了 21.6Mbit/s。随着多品牌联合营销模式的成功推广，基于 WCDMA 技术的 3G 业务发展迅速，并且呈不断上升的趋势。多种多样的、使用高速带宽的无线网络应用层出不穷，它们在丰富人们使用体验的同时，也助推了以 WCDMA 技术为代表的高速移动通信网络的建设与发展。可以说，3G 移动通信技术的发展已经到了"全面开花"的阶段，WCDMA 技术作为 3G 标准的成熟应用典型之一，有着巨大的行业底蕴和发展前景。

本书试图通过作者对 WCDMA 原理和相关技术的理解，以及在日常工作中积累的经验，介绍和讲解 WCDMA 系统的基本原理与关键技术，并在此基础之上，结合市场上主流的成熟设备（本书以华为产品为例），对 3G 移动通信行业内工程和项目的相关技术和工作进行介绍，从而使读者对 WCDMA 网络有一个全面的认识，并在此基础之上具备设备的安装、调测和维护能力，了解无线网络项目的运作过程和主要工作内容。

本书由天津中德职业技术学院移动通信技术专业的教学团队编写，包括胡晓光、苗雨、徐觉元、杨薇、张瑞、张培（按姓名拼音首字母排序）六位老师。

本书第 1 章首先对移动通信发展史进行了追溯，而后介绍了 WCDMA 标准的原理、网络结构和关键技术等内容。本章内容主要由徐觉元老师编写完成。

第 2 章重点介绍了 WCDMA 网络中 NodeB 网元的结构和组网方式，以让读者对 NodeB 网元有一个全面的认识。本章内容主要由胡晓光、张培老师编写完成。

第 3 章就工程项目实施中的安装技术和工作内容进行了讲解，通过理实结合的方式使读者对 NodeB 设备的安装工作有初步了解，为后面章节的学习打下基础。本章内容主要由杨薇、苗雨老师编写完成。

第 4 章对 WCDMA 网络中 NodeB 设备的软件调测工作和相关技术进行了讲解，并进一步介绍了基于管理软件的 NodeB 设备的开通、管理和调测功能。本章内容主要由杨薇、张瑞老师编写完成。

第 5 章在前 4 章的基础之上以 NodeB 为主要对象，对整个网络的运行维护工作进行了详细介绍。对于初级工程运维人员来说，通过第 5 章的学习，可对前面讲述的内容进行整合和应用，以达到通信工程项目中的技能要求。本章内容主要由胡晓光老师编写完成。

本书通过多种图例、表格的方式展示了各种实操项目，并对各项目中使用的设备进行

了较为详细的说明，使读者能够直观、生动地学习相关知识，达到较好的教学效果。并且，本书在每一主要章节都设计了对应相关技术的实践任务，包括任务描述、完成任务需学习的相关知识、任务实施、任务评价等项目。任务评价采取自我评价、小组评价、教师评价相结合的方式，能够全面、公正地对学生的学习效果进行评价。

　　本次教材编写得到了天津中德职业技术学院领导的大力支持，并获得了北京金戈大通通信技术有限公司技术人员的支持，在此对给予本书编写无私帮助的各位同事、老师表示感谢，没有你们的帮助，本书将无法顺利完成。

　　限于编者水平，书中难免有疏漏之处，敬请广大读者批评指正，以使本书更趋完美，也更加符合职业技术教育的需要。

编　者

2013 年 5 月

Contents 目 录

第 1 章　WCDMA 系统简介

要点提示：
1. 移动通信的发展与演进
2. IMT-2000 的频谱划分
3. WCDMA 系统的技术特点
4. WCDMA 系统的结构和原理
5. WCDMA 的关键技术

1.1　移动通信的发展与演进

　　移动通信系统的演进经历了三代，从第一代模拟移动通信系统（1G），发展到第二代数字移动通信系统（2G），再到现在的第三代移动通信系统（3G）。目前正在向后三代或第四代宽带移动通信系统（B3G/4G）发展和演进。

　　第一代移动通信技术（1G）是指最初模拟的、仅支持语音业务的蜂窝电话技术标准。该标准制定于 20 世纪 80 年代，由于该通信系统频率利用率低、电话不能漫游、各个系统间难以互联互通等问题，很快被市场和随之而来的通信新技术所淘汰。

　　第二代移动通信技术标准主要采用数字的时分多址（TDMA，Time Division Multiple Access）技术和码分多址（CDMA，Code Division Multiple Access）技术。第二代移动通信系统主要提供数字化的语音业务和低速数据业务。它克服了第一代模拟通信系统的诸多缺点，在语音质量、保密性、业务能力等方面均有很大提高，而且支持漫游功能。但是第二代移动通信系统也有其自身难以解决的问题，例如，其有限的带宽限制了数据业务的应用和发展，无法支持诸如移动多媒体等高速率的数据业务。另外，全球各个区域和厂商使用的第二代移动通信系统采用不同的制式，移动通信标准不统一，导致用户只能在同一制式覆盖的区域内漫游，无法实现全球漫游。鉴于第二代移动通信系统无法满足用户在系统容量和业务能力方面日益增长的需求，第三代移动通信技术应运而生。

　　第三代移动通信技术（3G）于 1985 年由国际电信联盟提出，其主要目标是制定一个通用的网络架构，能够支持现有和未来的服务。到目前为止，3G 技术标准主要包括：欧洲提出的 WCDMA（Wideband Code Division Multiple Access）、中国提出的 TD-SCDMA（Time Division Synchronous Code Division Multiple Access）、美国提出的 cdma 2000 和 WiMAX（World Interoperability for Microwave Access）的 802.16e 这 4 大标准。其中 WCDMA 和 TD-SCDMA 标准属于 3GPP（3rd Generation Partnership Project）系统，有时也称通用移动通信系统（UMTS，Universal Mobile Telecommunication System）技术。3GPP 系统架构是

通用无线分组业务（GPRS，General Packet Radio Service）技术上的延伸，与第二代移动通信技术相比，3G 具有 5MHz 以上的带宽，传输速率最低为 384kbit/s，最高可达 2Mbit/s。3G 网络不仅能够传输高质量的语音，还能提供高速数据传输，从而实现快捷、方便的无线应用，如宽带多媒体等业务。3G 网络能够将高速移动接入和基于 IP 的服务结合起来，提高无线频率利用率，提供包括卫星在内的全球覆盖，并实现有线和无线以及不同无线网络之间业务的无缝连接，满足多媒体业务的需求。

3G 的无线传输技术（RTT）有以下需求：

- 信息传输速率：　144 kbit/s　　高速运动
　　　　　　　　　　384 kbit/s　　步行运动
　　　　　　　　　　2 Mbit/s　　　室内运动
- 根据带宽需求实现的可变比特速率信息传递；
- 一个连接中可以同时支持具有不同 QoS 要求的业务；
- 满足不同业务的延时要求（从实时要求的语音业务到尽力而为的数据业务）。

1.2　IMT-2000 的频谱划分

国际电联对第三代移动通信系统划分 230MHz 频率，即上行 1885-2025MHz，下行 2110-2200MHz，共 230MHz。其中 1980-2010MHz 和 2170-2200MHz 用于移动卫星业务，其他频段上下行频带不对称，主要有一部分频带分配给 TDD 方式。如图 1-1 所示。

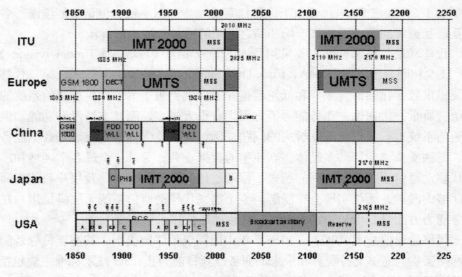

图 1-1　WRC-92 的频谱分配

2000 年 5 月的 WRC 还通过了 IMT-2000 的扩展频谱规划（806-969MHz、1710-1885MHz、2500-2690MHz），进一步确定了 3G 未来的发展方向和发展空间。WRC-2000 的频谱安排如图 1-2 所示。

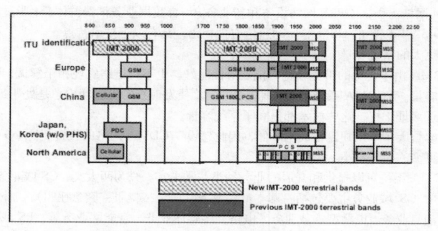

图 1-2 WRC-2000 的频谱安排

中国频谱的使用情况如图 1-3 所示。

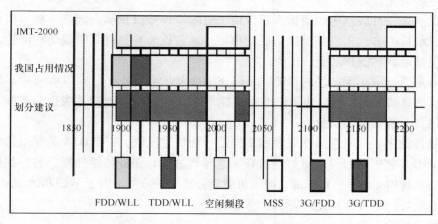

注：WLL（Wireless Local Loop，无线本地环路）

图 1-3 中国 IMT-2000 频谱的使用情况

根据我国的实际情况，国家无线电委员会已经颁布法规，逐步回收部分 FDD/WLL 和 TDD/WLL 所占有的 IMT-2000 的频谱。

1.3 WCDMA 系统的技术特点

WCDMA 是一种直扩序列码分多址技术（DS-CDMA），信息被扩展成 3.84Mchips 后在 5MHz 带宽内传送。

WCDMA 的主要技术指标是：支持高速数据传输（慢速移动时 384kbit/s，室内走动时 2Mbit/s），异步 BS，支持可变速传输，帧长 10ms，码片速率 3.84Mbit/s。

WCDMA 的发起者主要是欧洲和日本的标准化组织和厂商，WCDMA 继承了第二代移动通信体制 GSM 标准化程度高和开放性好的特点，标准化进展顺利，网络运营商可以通过在 GSM 网络上引入 GPRS 网络设备和新业务，培育数据业务消费群体，逐步过渡到 3G。

WCDMA 与以前的 GSM 等移动通信方式相比，具有以下技术特点。

（1）更大的系统容量

WCDMA 由于自身的带宽较宽，抗衰落性能好，上下行链路实现相干解调，大幅度提高了链路容量。WCDMA 系统采用快速功率技术，使发射机的发射功率总是处于最小水平，从而减少了多址干扰，这些技术都提高了系统容量。

系统容量大，单用户设备成本降低，因此建设 WCDMA 网络的投资要比 2G 低。

（2）更多的业务种类

WCDMA 系统可以提供和开展的业务种类非常丰富，分为两大类：CS 域业务和 PS 域业务。其中 CS 域业务主要包括：基本电信业务（语音、特服、紧急呼叫）、补充业务、点对点短消息业务、电路型承载业务、电路型多媒体业务、智能网业务等。PS 域业务主要包括：PS 域的短消息业务、移动 QICQ、移动游戏、移动冲浪、视频点播、手机收发 E-mail、智能网业务等。

（3）更好的无线传输

无线信道是一种较恶劣的通信介质。由于它的特性难以预测，因此一般根据实际测量的数据，以统计的方法来表征无线信道的模型。通常认为其具有莱斯或瑞利特性，其中瑞利衰落信道是最恶劣的移动无线信道。

要在衰落信道中实现良好的性能，采用分集技术非常关键。在 WCDMA 中，仿真结果表明，衰落信道情况下发射分集可以改善性能 1~2dB，因此通过采用发射分集技术，可以更有效地保证无线传输的质量。

在无线传输中，频率选择性衰落和多径是一种普遍现象。WCDMA 是宽带信号，信号带宽是 5MHz。宽带信号可以更好地抗频率选择性衰落，保证传输性能。另外如果发射信号带宽比信道的相干带宽更宽，那么接收机就能分离多径分量。由于 WCDMA 的带宽更宽，因此它具有更好的多径接收处理能力。

（4）更高的数据速率

WCDMA 具有支持多媒体业务的能力，特别是支持 Internet 业务。

现有的移动通信系统主要以提供语音业务为主，一般能提供 100~200kbit/s 的数据业务，GSM 演进到最高阶段能提供 384kbit/s 的数据业务。而第三代移动通信的业务能力将比第二代有明显的改进，支持话音、数据和多媒体业务，并且可根据需要提供宽带。

第三代移动通信无线传输技术满足以下 3 种要求，即

■ 快速移动环境：最高速率达 144kbit/s。

■ 室外到室内或步行环境：最高速率达 384kbit/s。

■ 室内环境：最高速率达 2Mbit/s。

（5）更低的传送功率

采用 CDMA 技术，通过扩频将窄带信号转换为宽带信号后再进行发射。由于 WCDMA 的带宽达到 5MHz，使得其扩频因子可以更高，带来更大的接收机处理增益，使得 WCDMA 系统具有更高的接收灵敏度，终端需要的发射功率可以很低。

另外，通过采用快速功率控制技术，可以降低发射功率，软切换提高业务信道接收增

益，也可以降低终端发射功率的要求。

一般地，WCDMA 终端的发射功率在室内为 20mW，室外为 300mW，电磁辐射少，对人身体的影响很小，是一种绿色手机。同时由于发射功率低，使得其待机时间很长。

（6）更高的语音质量

采用 AMR 语音编码技术，语音传输速率最高可达到 12.2kbit/s（R99）。WCDMA 的带宽达到 5MHz，使得其具有更大的扩频因子，从而带来更大的处理增益。同时宽带使其具有更强的多径分辨能力，从而改善 RAKE 接收机性能。

另外，WCDMA 采用发射分集技术，有效改善下行链路的接收性能，并通过交织和卷积编码技术来有效降低传输误码率。

通过采用这些技术，使得 WCDMA 网络的语音质量接近固定网的语音质量。

1.4　WCDMA 系统的结构和原理

1.4.1　UMTS 网络子系统的划分

通用移动通信系统（UMTS，Universal Mobile Telecommunication System）[1-7]是 ITU 发展的 IMT-2000 框架中的第三代移动通信系统之一，是新一代的宽带多媒体通信技术。UMTS 使用 ITU 分配的、用于陆地和卫星无线通信的频带，可通过移动或固定、公用或专用网络接入提供 IMT-2000 定义的所有业务。

从 GSM 系统的划分来看，移动台（MS）和操作维护子系统（OSS）已成为网络结构的一部分，因此我们可以把 UMTS 系统划分为无线接入网络子系统（RNS）、核心网络子系统（CN）和操作维护子系统（OSS）。其中无线网络子系统（RNS）处理所有与无线接入有关的，无线信道的分配、释放、切换管理等功能；核心网络子系统（CN）处理所有与话音呼叫数据连接以及与外部网络相关的交换、连接、路由等功能；网络操作维护子系统（OSS）执行网络操作维护、用户管理等功能，操作维护子系统的主要任务是完成用户管理网络运行和维护。

三个子系统间的关系描述如图 1-4 所示。

UMTS 网络整体网络结构分为 UTRA 网络和核心网络两大部分。图 1-5 给出了其网络的结构图，此图的网络结构是基于 R99 的。UTRA 网络中的网元种类较少，主要包括 BTS 和 RNC 两种。BTS 与 GSM 系统中的基站相同，是无线信号收发的基本单元，它可以支持 WCDMA 的编码方式。RNC（无线网络控制器）的功

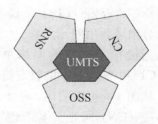

图 1-4　UMTS 网络子系统划分图

能相当于 GSM 系统中 BSC 与 GPRS 的 PCU 两者的结合，它承担无线资源管理、BTS 控制以及切换管理等功能。核心网络从网络演进来看，又分为 R99、R4 和 R5 不同的体系，主要承担核心网内、不同核心网间链路的建立、直传消息的交互，以及用户接入过程中的鉴权、位置更新、寻呼等网络功能的实现。图 1-5 所示是基于 R99 系列规范描述的网络结构，在 R4/R5 阶段的规范制定中，核心网网元的定义接口发生了变化。

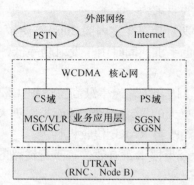

图 1-5　UMTS 系统网络结构图

1.4.2　UMTS R99网络的基本构成

UMTS 系统按照功能划分为两个基本域：用户设备域（User Equipment Domain）和基础域（Infrastructure Domain）。用户设备域进一步划分为 USIM 域（User Services Identity Module Domain）和移动设备域（Mobile Equipment Domain）；基础域进一步划分为接入网域（Radio Access Network Domain）和核心网域（Core Network Domain）。总体来讲，UMTS 系统由用户设备域 MS、无线接入网 RAN 和核心网组成。

UMTS R99 的网络结构中，核心网分为电路交换域（Circuit Switched Domain）和分组交换域（Packet Switched Domain），Iu 接口相应地分为 IuCS 和 IuPS 接口。核心网基于 GSM/GPRS 网络，保持了对 GSM/GPRS 网络的兼容性，GSM 无线子系统（BSS）可以直接通过 A 接口和 Gb 接口直接连入 UTRAN 核心网。

电路交换域基于 GSM Phase2+的电路核心网的基础上演进而来，网络单元包括包括移动业务交换中心（MSC）、访问位置寄存器（VLR）、网关移动业务交换中心（GMSC）、设备标识寄存器（EIR）。

分组交换域基于 GPRS 核心网的基础上演进而来，网络单元主要有业务 GPRS 支持节点（SGSN）、网关 GPRS 支持节点（GGSN）、归属位置寄存器（HLR）、鉴权中心（AuC）、设备标识寄存器（EIR）。设备标识寄存器（EIR）是电路域和分组域共用网元。

无线接入网络的网络单元分为无线网络控制中心（RNC）和 WCDMA 的收发信基站（NodeB）两部分。

从图 1-6 可以看出，从上层到下层依次描述为核心网子系统（CN）网元实体、无线网络子系统（RNS）网元实体、UE。下面分别对其进行具体的描述。

1. 核心网子系统（CN）网元实体

（1）GMSC

网关 MSC（GMSC）是用于连接核心网 CS 域与外部的 PSTN 的实体。它的主要功能是为 PSTN 与 CS 域的互联提供物理连接；在固定用户呼叫移动用户时向 HLR 要漫游

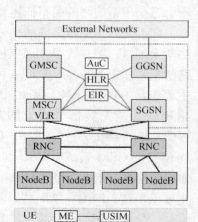

图 1-6　UTMS 网络的基本组成

号码的功能。

（2）GGSN

GGSN 是 GPRS 网关的支持节点。它可以理解为是连接核心网分组域与外部网络的网关。核心网 PS 域通过 GGSN 与外部的分组网相连。大体来说，外部的分组网指的是 X.25 网络或 Internet TCP/IP 网。因为 X.25 网络不是主流方向，所以绝大多数核心网分组域只提供与 Internet 网络的接口。

（3）SGSN

SGSN 是 PS 域网络的核心，GPRS 业务支持节点。它可以对 MS 的位置进行跟踪；与 GGSN 共同完成 PDP 连接的建立、维护与删除工作；完成安全鉴权功能与接入控制。对 2G 基站，SGSN 是通过 Gb 口与 GPRS BSS 相连接；而对 3G 基站，SGSN 是通过 Iu 接口与 3G RNS 相连接。

（4）MSC/VLR

移动交换中心（MSC）是 CS 域网络的核心。它提供交换功能、负责完成移动用户寻呼接入、信道分配、呼叫接续、话务量控制、计费基站管理等功能。它提供面向系统其他功能实体和面向固定网（PSTN、ISDN、PDN）的接口功能。MSC 还可以与其他网络单元协同完成移动用户位置登记、越区切换和自动漫游、合法性检验及信道转接等功能。

MSC 从 VLR、HLR/AuC 数据库中获取处理移动用户位置登记和呼叫请求所需的数据。同时 MSC 也根据其最新获取的信息请求更新数据库的部分内容。

拜访位置寄存器（VLR）是为其控制区域内的移动用户提供服务的，它存储着进入其控制区域内已登记的移动用户的相关信息，为已登记的移动用户提供建立呼叫接续的必要条件。VLR 从该移动用户的归属位置寄存器 HLR 获取并存储必要的数据。一旦移动用户离开该 VLR 的控制区域，则重新在另一个 VLR 登记，原 VLR 将取消临时记录的移动用户数据，因此 VLR 可看作是一个动态用户数据库。

（5）AuC

鉴权中心（AuC）用来对系统进行安全性管理。它存储着鉴权信息和加密密钥，用来防止无权用户接入系统的接入和保证通过无线接口的移动用户通信的安全。

（6）HLR

归属位置寄存器（HLR）是系统的数据中心，它存储着所有在该 HLR 签约的移动用户的位置信息、业务数据、账户管理等信息，并可实时地提供对用户位置信息的查询和修改以及实现各类业务操作，包括位置更新、呼叫处理、鉴权、补充业务等，完成移动通信网中用户移动性管理。

一个 HLR 能够控制若干个移动交换区域，移动用户的所有重要的静态数据都存储在 HLR 中，其中包括移动用户识别号码、访问能力、用户类别和补充业务等数据。另外，HLR 还存储且为 MSC 提供有关移动用户实际漫游所在区域的动态信息数据。

（7）EIR

移动设备识别寄存器（EIR）存储着移动设备的国际移动设备识别码（IMEI）。通过核查白色清单、黑色清单或灰色清单这三种表格，这三种表格分别列出准许使用的、出现故障需监视的、失窃不准使用的移动设备的 IMEI 号码，使得运营部门对于不管是失窃还

是由于技术故障或误操作而危及网络正常运行的 UE 设备，都能采取及时的防范措施。

2. 无线网络子系统（RNS）网元实体

RNS 子系统包括 RNC 和 NodeB 两部分。从图 1-6 可以看出，RNS 通过无线接口 Uu 直接与移动台相接，负责无线信号的发送接收和无线资源管理。另外，RNS 与 MSC、SGSN 相连，实现移动用户之间或移动用户与固定网用户之间的通信连接，传送系统信号和用户信息等。

（1）RNC

RNC 是 RNS 的控制部分，主要负责各种接口的管理，无线资源和无线参数的管理。它主要与 MSC 和 SGSN 以及 Iu 口相连。

（2）NodeB

NodeB 是 RNS 的无线部分，由 RNC 控制，服务于某个小区的无线收发信设备，完成空中接口与物理层相关的处理，如信道编码、交织、速率匹配和扩频等。同时它还完成一些内环功率控制等无线资源管理功能。

特别地，UTRAN 是由两个或两个以上的 RNS 组成的 UMTS 的无线接入网。

3. UE

移动台是用户设备，它可以是车载型、便携型和手持型。物理设备与移动用户可以是完全独立的，与用户有关的全部信息都存储在智能卡 SIM 中，该卡可在任何移动台上使用。在 2G 的 UE 中，UE 由 ME 与 SIM 卡组成。在 2G 中，通过 ME 可以完成与基站子系统之间的空中接口的交互，它是一个裸的终端。SIM 存储的是 2G 用户的签约数据。在 3G 的 UE 中，UE 由 ME、SIM 以及 USIM 组成。USIM 是 3G 用户的签约数据。3G 通过多模 UE，可以使 UE 在 3G 与 2G 网络之间漫游与切换。

1.4.3 基于 R4 的 UMTS 网络

与 R99 网络一样，R4 网络基本结构同样分为核心网和无线接入网。在核心网一侧分为电路域和分组域两部分，见图 1-7。与 R99 网络相比，R4 网络的主要变化发生在电路域，分组域没有什么变化。

R4 网络涉及到的 CAMEL 实体以及相关接口与 R99 相比没有什么变化，CAMEL 功能在 R99 版本的基础上有所增强，LCS 业务体系结构的接口以及实体的定义也没有什么变化，在 R99 的基础上，LCS 功能有所增强。基本网元实体以及接口大部分继承了 R99 网络实体与接口的定义，与 R99 网络定义相同的网络实体从基本功能上来看没有变化，相关协议也是相似的，本部分就不再详述，下面重点介绍变化的网元实体以及相关接口。

从 R99 到 R4，UMTS 基本结构在电路域上发生了变化。根据呼叫控制和承载以及承载控制分离的思想，R99 网络电路域的网元实体（G）MSC 在 R5 阶段演化为媒体网关 MGW 和（G）MSC Server 两部分，增加了漫游信令网关 R-MGW 和传输信令网关 T-MGW；同时相关接口发生了变化，增加了 MGW 和 MSC Sever 之间的 Mc 接口、MSC Sever 和 GMSC Sever 之间的 Nc 接口、MGW 之间的 Nb 接口以及 R-MGW 和 HLR 之间的 Mh 接口。下面分别从核心网和无线接入网两方面描述 R4 的网元实体。

R4 的网络结构和 R99 相比，主要是核心网电路域的结构发生了很大变化，而核心网分组域和 UTRAN 的网络结构几乎没变。

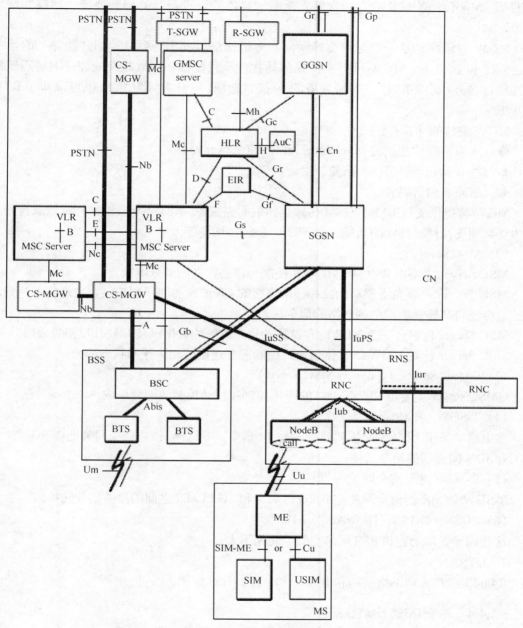

图 1-7　R4 的网络结构

1．核心网 CN

R4 的核心网主要包括以下网元实体：(G) MSC Server/VLR、CS-MGW、T-SGW、R-SGW、SGSN、GGSN、HLR/AuC、EIR 等。

（1）媒体网关 MGW Media Gateway

CS-MGW 用来定义 CS 域的媒体网关。由于不涉及 IP 多媒体子系统，所以不做概念

上的区分，本文用 MGW 代指 CS MGW。针对一个定义的网络来说，MGW 可以认为是 PSTN/PLMN 传输的终止点，包含断点承载和媒体处理设备（如码转换器、回波补偿设备等）。

MGW 可以终结从一个电路交换网络和分组网络（如 IP 网中的 RTP 流等）的承载信道。在 Iu 接口上，MGW 可以支持媒体转化、承载控制和有效载荷处理（编解码器回升补偿设备)以支持不同的 CS 域业务的 Iu 接口选项(基于 AAL2/ATM 也可以基于 RTP/UDP/IP）。

MGW 支持的功能有：

◆ 实现资源控制，与 MSC Sever 和 GMSC Sever 交互；

◆ 拥有和处理资源，如回波补偿设备等；

◆ 必须有编解码器。

MGW 将提供支持 UMTS/GSM 传输媒体的必需资源，MGW 承载控制和有效载荷处理能力将必须支持移动特定的功能，如 SRNS 重定位/切换等。

（2）MSC sever

MSC Server 主要由 R99 MSC 的呼叫控制和移动控制两部分组成。

MSC Server 主要负责移动始发和移动终接的 CS 域呼叫的呼叫控制，它终结用户到网络的信令并将其转换成网络到网络的信令。

MSC Server 也包含一个 VLR 以存储移动用户的签约数据以及 CAMEL 相关数据。

MSC Server 针对 MGW 的媒体信道，控制适合连接控制的呼叫状态部分。

（3）GMSC Server（Gateway MSC Server）

GMSC server 主要由 R99 GMSC 的呼叫控制和移动控制两部分组成。

（4）T-SGW 传输信令网关

当电路域采用 IP 传输时需要处理的是 IP 信令，T-SGW 作为信令网关处理 3G-CN 和 PSTN/ISDN 网之间的信令转换。

（5）R-SGW 漫游信令网关

R-SGW 作为漫游信令网关完成 2G PLMN 和 3G PLMN 之间的漫游信令转换。

（6）SGSN、GGSN、HLR/AuC、EIR

这些网元实体功能和 R99 网络类似，变化不大。

2. UTRAN

R4 的无线接入网网络结构和 R99 一样，没有什么变化。

1.4.4　基于 R5 的 UMTS 网络

R5 阶段的 UMTS 基本网络的网元实体继承了 R4 的定义，基本没有变化，不同的是网元功能有所增强。由于增加了 IP 多媒体子系统，基本网络和 IM 多媒体子系统间也增加了相应的接口，R5 阶段要求 RNC 提供 Iu-CS 接口和 Iu-PS 接口，这是 R5 网络和 R4 以及 R99 网络的一个主要不同。另外 R5 阶段增加了 HSS 实体替代 HLR，HSS 实体在功能上比 HLR 强，支持 IP 多媒体子系统 HSS。

R5 阶段增加的接口有：

（1）BSS 和 CN 之间的 Iu-CS 接口

该接口的定义参照 UMTS 的 25.41x-系列规范定制。该接口用于传送 BSS 管理、呼叫处理、移动性管理的相关信息，接口功能与 RNS 与 CN 之间的接口 Iu-CS 完全相同。

（2）BSS 和 CN 之间的 Iu-PS 接口

该接口的定义参照 UMTS 的 25.41x-系列规范定制。该接口用于包数据传输、传送移动性管理相关信息，接口功能与 RNS 与 CN 之间的接口 Iu-PS 完全相同。

当不需要区分 CS 域实体和 IP 多媒体子系统实体时，MGW 的概念用于 R4 CS 域；当需要区分时，CS-MGW 用来定义 CS 域的媒体网关，IM-MGW 用来定义 IP 多媒体网关。

在 R5 阶段，无线接入网络从实体方面看没有大的变化，主要体现的变化思想是对无线部分进行 IP 化，从而形成真正意义上的全 IP 网络。

核心网络在 R5 阶段除了在基本网络结构上有如上的变化外，重要的是引入了 IP 多媒体子系统 IMS（IP Multimedia Subsystem）实体，即形成了一个以 CSCF 为核心的 IMS 系统，目的是在 IP 网络上完全实现语音数据和图像等多种媒体流的传输。

IP 多媒体子系统包含了提供 IP 多媒体业务的所有相关实体，如图 1-8 所示，IMS 包括 CSCF、BGCF、MGCF、IM-MGW、HSS、MRF 等相关网络实体。

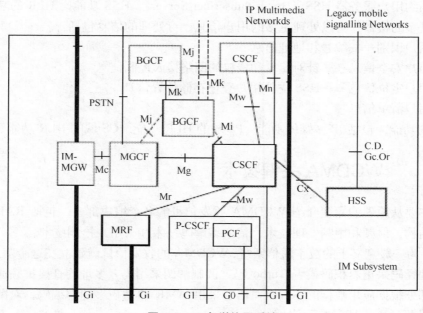

图 1-8　IP 多媒体子系统

呼叫状态控制功能 CSCF（Call State Control Function），CSCF 可以作为代理 CSCF（P-CSCF）、服务 CSCF（S-CSCF）或询问 CSCF（I-CSCF）使用。P-CSCF 是 UE 接入 IM 系统的第一个接触点；S-CSCF 实际上用于处理网络会话状态；I-CSCF 是询问网络的接入点。

媒体网关控制功能 MGCF（Media Gateway Control Function），MGCF 包括 IM-MGW 内媒体信道连接控制呼叫状态的控制部分，与 CSCF 通信。根据路由号码选择，CSCF 在 ISUP 和 IM 子系统呼叫控制协议之间执行协议转换，MGCF 接收到的带外信息可以前转给

CSCF/IM-MGW 等。

IM-MGW（IP Multimedia - Media Gateway Function），IM-MGW 可以终结来自电路交换网络的承载信道和来自分组交换网的媒体流。IM-MGW 可以支持媒体转换、承载控制和有效载荷处理。它可以针对资源控制与 MGCF 交互，可以使用和处理资源回波补偿设备，可以存在编解码器等。

多媒体资源功能控制器 MRFC（Multimedia Resource Function Controller），MRFC 控制 MRFP 内的媒体流资源，来自 AS 和 S-CSCF 的信息解释和相应的 MRFP 控制，产生 CDR。

多媒体资源功能处理 MRFP（Multimedia Resource Function Processor），MRFP 完成 Gi 接口承载控制，通过 MRFC 控制可提供的资源，混合接入媒体流、媒体流资源和媒体流处理等。

BGCF（Breakout Gateway Control Function），如果 BGCF 选择的中继发生在同一网络，那么，BGCF 选择一个负责与 PSTN 交互的 MGCF；如果中继发生在另外一个网络，BGCF 将前转相关信令给相应网络的一个 BGCF 或一个 MGCF，此时由另外一个网络的运营者来配置 BGCF，可以利用从其他协议接收到的信息或利用运营者输入的信息来选择哪一个网络进行中继。

归属签约用户服务器 HSS（Home Subscriber Server），HSS 功能比 HLR 的功能更加强大，支持更多的接口，可以处理更多的用户信息。可处理的信息包括：

◆ 用户识别——编号和地址信息
◆ 用户安全信息——针对鉴权和授权的网络接入控制信息
◆ 用户定位信息——HSS 支持用户登记存储位置信息
◆ 用户清单信息

HSS 的功能，包括 IP 多媒体功能、PS 域的 HLR 功能、CS 域的 HLR 功能等。

1.5 WCDMA 关键技术

本节主要从原理的角度介绍 WCDMA 收发信机的各个组成部分，包括 RAKE 接收机的原理和结构、射频和中频处理技术、信道编解码技术和多用户检测技术。

图 1-9 为一般意义上的数字通信系统，WCDMA 的收发信机就建立在这个基本框图上，其中信道编译码采用卷积码或者 Turbo 码；调制解调采用码分多址的直接扩频通信技术；信源编码部分根据应用数据的不同，对语音采用 AMR 自适应多速率编码，对图像和多媒体业务采用 ITU Rec. H.324 系列协议。

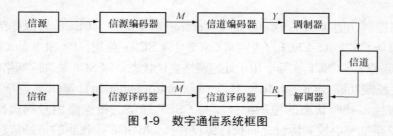

图 1-9 数字通信系统框图

1.5.1　RAKE 接收机

在 CDMA 扩频系统中，信道带宽远远大于信道的平坦衰落带宽。不同于传统的调制技术需要用均衡算法来消除相邻符号间的码间干扰，CDMA 扩频码在选择时就要求它有很好的自相关特性。这样，在无线信道中出现的时延扩展，就可以被看作只是被传信号的再次传送。如果这些多径信号相互间的延时超过了一个码片的长度，那么它们将被 CDMA 接收机看作是非相关的噪声，而不再需要均衡了。

由于在多径信号中含有可以利用的信息，所以 CDMA 接收机可以通过合并多径信号来改善接收信号的信噪比。其实 RAKE 接收机所做的就是通过多个相关检测器接收多径信号中的各路信号，并把它们合并在一起。图 1-10 所示为一个 RAKE 接收机，它是专为 CDMA 系统设计的经典的分集接收器，其理论基础就是当传播时延超过一个码片周期时，多径信号实际上可被看作是互不相关的。

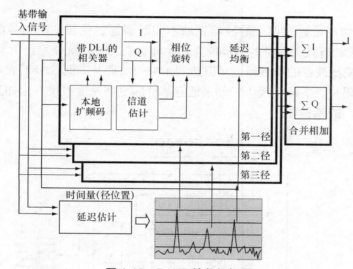

图 1-10　RAKE 接收机框图

带 DLL 的相关器是一个具有迟早门锁相环的解调相关器。迟早门和解调相关器分别相差 ±1/2（或 1/4）个码片。迟早门的相关结果相减可以用于调整码相位。延迟环路的性能取决于环路带宽。

由于信道中快速衰落和噪声的影响，实际接收的各径的相位与原来发射信号的相位有很大的变化，因此在合并以前要按照信道估计的结果进行相位的旋转。实际的 CDMA 系统中的信道估计是根据发射信号中携带的导频符号完成的。根据发射信号中是否携带有连续导频，可以分别采用基于连续导频的相位预测和基于判决反馈技术的相位预测方法，如图 1-11 和图 1-12 所示。

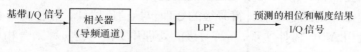

图 1-11　基于连续导频信号的信道估计方法

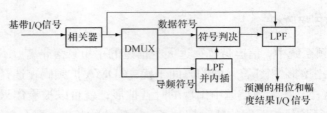

图 1-12 使用判决反馈技术的间断导频条件的信道估计方法

LPF 是一个低通滤波器，滤除信道估计结果中的噪声，其带宽一般要高于信道的衰落率。使用间断导频时，在导频的间隙要采用内插技术来进行信道估计，采用判决反馈技术时，先硬判决出信道中的数据符号，再以判决结果作为先验信息（类似导频）进行完整的信道估计，通过低通滤波得到比较好的信道估计结果。这种方法的缺点是，由于非线性和非因果预测技术，使噪声比较大的时候，信道估计的准确度大大降低，而且还引入了较大的解码延迟。

延迟估计的作用是通过匹配滤波器获取不同时间延迟位置上的信号能量分布（如图1-13 所示），识别具有较大能量的多径位置，并将它们的时间量分配到 RAKE 接收机的不同接收径上。匹配滤波器的测量精度可以达到 1/4 ~ 1/2 码片，而 RAKE 接收机的不同接收径的间隔是一个码片。实际实现中，如果延迟估计的更新速度很快（比如几十毫秒一次），就可以无需迟早门的锁相环。

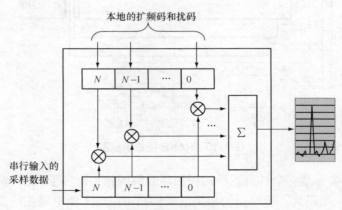

图 1-13 匹配滤波器的基本结构

延迟估计的主要部件是匹配滤波器。匹配滤波器的功能是用输入的数据和不同相位的本地码字进行相关，取得不同码字相位的相关能量。当串行输入的采样数据和本地的扩频码和扰码的相位一致时，其相关能力最大，在滤波器输出端有一个最大值。根据相关能量，延迟估计器就可以得到多径的到达时间量。

从实现的角度而言，RAKE 接收机的处理包括码片级和符号级。码片级的处理有相关器、本地码产生器和匹配滤波器；符号级的处理包括信道估计，相位旋转和合并相加。码片级的处理一般用 ASIC 器件实现，而符号级的处理用 DSP 实现。移动台和基站间的 RAKE 接收机的实现方法和功能尽管有所不同，但其原理是完全一样的。

对于多个接收天线分集接收而言，多个接收天线接收的多径可以用上面的方法同样处理。RAKE 接收机既可以接收来自同一天线的多径，也可以接收来自不同天线的多径，从 RAKE 接收的角度来看，两种分集并没有本质的不同。但是，在实现上，由于多个天线的数据要进行分路的控制处理，增加了基带处理的复杂度。

1.5.2　多用户检测

多用户检测技术（MUD）是通过去除小区内干扰来改进系统性能，增加系统容量。多用户检测技术还能有效缓解直扩 CDMA 系统中的远/近效应。由于信道的非正交性和不同用户的扩频码字的非正交性，导致用户间存在相互干扰。多用户检测的作用就是去除多用户之间的相互干扰。一般而言，对于上行的多用户检测，只能去除小区内各用户之间的干扰，而小区间的干扰由于缺乏必要的信息（如相邻小区的用户情况），是难以消除的；对于下行的多用户检测，只能去除公共信道（如导频、广播信道等）的干扰。

从上行多用户检测来看，由于只能去除小区内干扰，假定小区间干扰的能占据了小区内干扰能量的 f 倍，那么去除小区内用户干扰，容量的增加是（$1+f$）/f。按照传播功率随距离 4 次幂线性衰减，小区间的干扰是小区内干扰的 55%。因此在理想情况下，多用户检测提高减少干扰 2.8 倍。但是实际情况下，多用户检测的有效性还不到 100%，多用户检测的有效性取决于检测方法和一些传统接收机的估计精度，同时还受到小区内用户业务模型的影响。例如，在小区内如果有一些高速数据用户，那么采用干扰消除的多用户检测方法去掉这些高速数据用户对其他用户的较大的干扰功率，显然能够比较有效地提高系统的容量。

这种方法的缺点是会扩大噪声的影响，并且导致解调信号很大的延迟。解相关器如图 1-14 所示。

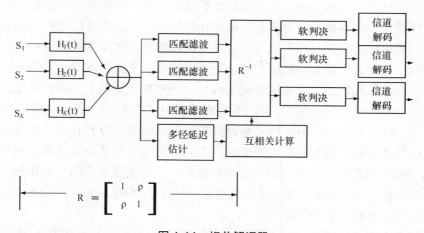

图 1-14　相关解调器

干扰消除的想法是估计不同用户和多径引入的干扰，然后从接收信号中减去干扰的估计。串行干扰消除（SIC）是逐步减去最大用户的干扰，并行干扰消除（PIC）是同时减去除自身外所有其他用户的干扰。

并行干扰消除是在每级干扰消除中,对每个用户减去其他用户的信号能量,并进行解调。重复进行这样的干扰消除3~5次,就基本可以去除其他用户的干扰。值得注意的是,在每一级干扰消除中,并不是完全消除其他用户的所有信号能量,而是乘以一个相对小的系数,这样做的原因是为了避免传统接收检测中的误差被不断放大。PIC的好处在于比较简单地实现了多用户的干扰消除,而又优于SIC的延迟。

就WCDMA上行多用户检测而言,目前最有可能实用化的技术就是并行的干扰消除,因为它需要的资源相对比较少,仅仅是传统接收机的3~5倍,而数据通路的延迟也相对比较小。WCDMA下行的多用户检测技术则主要集中在消除下行公共导频、共享信道和广播信道的干扰,以及消除同频相邻基站的公共信道的干扰方面。

1.5.3 智能天线

智能天线技术是雷达系统自适应天线阵在通信系统的新应用。智能天线原名自适应天线阵列(AAA,Adaptive Antenna Array),应用于移动通信则称为Smart antenna或Intelligent antenna。

智能天线是基于自适应天线阵原理,利用天线阵的波束赋形产生多个独立的波束,并自适应地调整波束方向来跟踪每一个用户,达到提高信号干扰噪声比SINR,增加系统容量的目的。采用智能天线技术,实际上是通过数字信号处理,使天线阵为每个用户自适应地进行波束赋形,相当于为每个用户形成了一个可跟踪的高增益天线。

由于其体积及计算复杂性的限制,目前仅适用于在基站系统中的应用。智能天线包括两个重要组成部分,一是对来自移动台发射的多径电波方向进行到达角(DOA)估计并进行空间滤波,抑制其他移动台的干扰;二是对基站发送信号进行波束成型,使基站发送信号能够沿着移动台电波的到达方向发送回移动台,也就是信号在有限的方向区域发送和接收,充分利用了信号的发射功率,从而降低发射功率,减少对其他移动台的干扰。

智能天线通过调节各单元信号的加权幅度和相位,改变阵列的方向图,从而抑制干扰,提高信噪比。它可以自动测出用户方向,将波束指向用户,实现波束对用户的跟踪。

智能天线由天线阵、收发信机组和智能处理器组成。天线阵本身由多个天线组成,天线阵接收所有到达阵列的信号,通过智能天线信号处理单元适当合并阵列输出,可以从接收的多用户信号提取占用同一频带、同一时间的各个用户的信号,通常又称"空间滤波"。收发信机组的功能是把收到的射频信号解调到基带上,经过A/D转换器变换为数字信号进入智能信号处理器,或者将智能信号处理器送出的基带信号经过D/A转换,然后调制到射频上。智能处理器的作用是自适应的调整加权数值,以便实现所需的空间和频率的滤波,它是智能天线的核心。智能处理部分又包括到达方向估计DOA(Direction-of-Arriva)提取、上下行自适应算法及波束赋形等单元。

智能天线技术的关键就在于到达方向估计DOA的提取和数字赋形的实现。

到达方向估计的赋形算法包括MUSIC算法、ESPRIT算法和最小范数法MMM(Minimum-Norm Method)。

智能天线波束赋形单元的结构框图如图1-15所示,由M个天线单元组成天线阵列,若小区内存在K个用户,每个用户对应一套加权器共有K组加权器,可以形成K个方向的波束，K 可以大于天线单元数 M。天线阵的尺寸和天线单元数量决定最大增益和最小波束宽度，智能天线通过调节从每一个天线收到的信号的幅度和相位，根据设定的接收标准和智能算法，结合使得形成所需要的波束，这个过程称为波束形成，天线阵产生定向波束指向移动用户，减少了多址干扰的影响，达到空间滤波的目的。

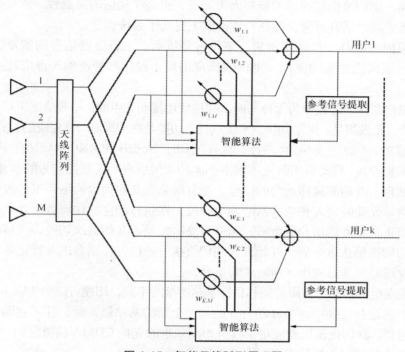

图 1-15　智能天线赋形原理图

从智能天线赋形系统可以看出波束成型单元的复加权系数矢量 W 是由自适应算法处理器来进行调整的。波束成型单元单元加权系数的选择对智能天线自适应抑制干扰起着决定性的作用，自适应算法是其中的关键。自适应算法的选择决定了在环境变化时波束自适应控制的能力和反应速度以及算法所需硬件的复杂性。常见的最佳加权系数算法准则有最大信噪比 SINR（maximum signal-to-interference and noise ratio）、最小均方误差 MMSE（minimum mean-square error）、最小方差（minimum variance）、最大似然（maximum likelihood）。

1.5.4　无线资源管理技术

在蜂窝结构的移动通信系统中，当移动台从一个小区移动到另一个小区时，为保持移动电话不中断通信需要进行的信道切换称为越区切换。根据切换方式不同，可以分为硬切换和软切换两种情况。硬切换是指移动台在载波频率不同的基站覆盖小区之间信道的切换。切换过程中，移动用户仅与新旧基站其中一个连通，从一个基站切换到另一个基站过程中，通信链路有短暂的中断时间，当切换时间较长时，将影响用户通话。软切换是指移动台在载波频率相同的基站覆盖小区之间的信道切换。切换过程中，移动用户可能同时与两个基

站进行通信，从一个基站到另一个基站的切换过程中，不需要改变收发频率，没有通信暂时中断的现象。

由于 CDMA 蜂窝移动通信系统的频率复用率可以到 100%，所以除了一般的硬切换（不同载频之间的切换）以外，CDMA 蜂窝移动通信系统还提供了软切换功能，即相同载频之间的切换，使切换引起掉话的概率大大降低，提高了通信的可靠性。软切换除提高服务质量外，还提高了话音质量，并在一定程度上提高了系统容量。

切换的原因可能是上行链路质量、下行链路质量、上行链路信号的测量、下行链路信号的测量、距离或业务的变化、更优的蜂窝出现、操作和管理的干涉以及业务流量情况等。

切换是用户在移动过程中为保持与网络的持续连接而发生的。一般情况下切换可以分为以下 3 个步骤：无线测量、网络判决、系统执行。切换是在 UE 辅助下完成的。测量是由 UE 和 NodeB 完成的；判决在 RNC 中进行；执行在 UE、NodeB 和 RNC 共同协作下完成。

在无线测量阶段，移动台不断地搜索本小区和周围所有小区基站信号的强度和信噪比，当然此时基站也不断地测量移动台的信号，测量结果在某些预设的条件下汇报给相应的网络单元，网络单元此时进入相应的网络判决阶段，在执行相应的切换算法并确认目标小区可以提供目前正在服务的用户业务后，网络最终决定是否开始这次切换，在移动台收到网络单元发来的切换确认命令后，开始进入到切换执行阶段，移动台进入特定的切换状态，开始接收或发送与新基站或小区所对应的信号。

根据切换发生时移动台与源基站和目标基站连接的不同，切换可以分为以下几种类型。

软切换：在这种切换中，当移动台开始与一个新的基站联系时，并不立即中断与原来基站之间的通信。软切换仅仅能应用于具有相同频率的直扩 CDMA 信道之间，软切换可提供在基站边界处的前向业务信道和反向业务信道的路径分集。

更软切换：是软切换的一种特殊情况。这种切换发生在同一基站的具有相同频率的不同扇区之间。更软切换是 CDMA 的特色，在基站的扇区之间同频工作时可方便地进行。

硬切换：在这一切换中，任一时刻只有一个业务信道被激活。一般情况下，移动台先中断与原基站的联系，再与新基站取得联系。硬切换通常发生在不同频率的 CDMA 信道间。

1.5.5 功率控制技术

在 WCDMA 系统中，作为无线资源管理的功率管理是非常重要的环节，这是因为在 WCDMA 系统中，功率是最终的无线资源。一方面，提高针对用户的发射功率能够改善用户的服务质量；另一方面，WCDMA 采用宽带扩频技术，所有信号共享相同的频谱，每个移动台用户的信号能量被分配在整个频带范围内，这样对其他移动台来说就成为宽带噪声，这种提高会带来对其他用户接收质量的降低。且各用户的扩频码之间存在着非理想的相关特性，用户发射功率的大小将直接影响系统的总容量，所以功率的使用在 CDMA 系统是矛盾的，从而使得功率控制技术成为 CDMA 系统中的最为重要的关键技术之一。

区别于 FDMA、TDMA，CDMA 是用相互正交（近似正交）的伪随机码区分用户和开销信道的。在 CDMA 中主要使用了两种不同长度的伪随机码，分别称为 PN 长码和 PN 短码。由于码分多址技术是在同一频段建立多个码分信道，虽然伪随机码具有很好的不相关性，但是无法避免其他信道对指定通信链路的干扰，这种干扰是由各用户间的 PN 码的互相关性不为 0 造成的，因此也称为多址干扰。所以降低其他信道的干扰和增强每个信道的抗干扰的能力就成为 CDMA 实现最大信道容量的的技术方向。功率控制和可变速率声码器技术属于前一类技术，目的是尽量降低对其他信道的干扰；分集技术属于后一类，其目的是增强信道自身的抗干扰能力。

除了多址干扰造成的不良影响外，还存在着所谓的"远近效应"的影响，即在上行链路中，如果小区内所有 UE 的发射功率系统各 UE 与 NodeB 的距离是不同的，会导致 NodeB 接收较近的 UE 的信号强，接收较远的 UE 的信号弱。由于 CDMA 是同频接收系统，造成弱信号淹没在强信号中，从而使得部分 UE 无法正常工作。电波传播中经常会遇到"阴影效应"的问题，蜂窝式移动台在小区内的位置是随机的，且经常变动，所以路径损耗会大幅度的变化，必须实时改变发射功率，才能保证在这一地区的通信质量。

因此如何有效地进行功率控制，在保证用户要求的服务质量（QoS）的前提下，最大程度降低发射功率，减少系统干扰，增加系统容量，是 WCDMA 技术中的关键。功率控制技术是 WCDMA 系统的基础，可以说没有功率控制就没有 WCDMA 系统。Qualcomm 公司就是因为解决了这个问题才实现了 WCDMA 蜂窝通信网。

功率是 CDMA 系统的核心，一切都是围绕着功率进行的。CDMA 系统是一个同频自干扰系统，任何不必要的功率都不允许发射，这是一个必须要遵守的总准则。功率控制就是维护这个准则的手段。

功率控制可以克服远近效应，对上行功控而言，功率控制的目标即所有的信号到达基站的功率相同。功率控制可以补偿衰落，接收功率不够时要求发射方增大发射功率。

由于移动信道是一个衰落信道，快速闭环功控可以随着信号的起伏快速改变发射功率，使接收电平由起伏变得平坦。

功率控制技术能够解决以上提到的几种问题，是使 CDMA 走向实用化的重要关键技术之一。

1.6　任务与训练

任务书 1：UMTS 网络演进过程中的三个不同的体系

任务书要求：

主题	简述 UMTS 网络演进过程中三个不同体系的基本构成以及三者之间的区别与联系
任务详细描述	1．UMTS 网络演进过程中三个不同的体系是什么 2．介绍基于三种体系的 UMTS 网络的基本构成 3．比较三者，写出三者的区别与联系

任务书 2：WCDMA 的关键技术

任务书要求：

主题	简述 WCDMA 关键技术的具体内容
任务详细描述	1．总体介绍下 WCDMA 的几种关键技术 2．具体介绍每种关键技术的内容

1.7　考核评价

学习任务：＿＿＿＿＿＿＿＿＿＿　　班级：＿＿＿＿＿＿＿＿＿

小组成员：＿＿＿＿＿＿＿＿＿

姓名	任务 1 完成情况	任务 2 完成情况	备注

教师评价：

第 2 章 基站系统的设备配置

要点提示：

1. NodeB 的系统配置
   - DBS3900 的设备特点
   - DBS3900 的系统原理
   - DBS3900 的硬件结构
2. NodeB 系统组网
   - BBU 系统的组网方式
   - RRU 的组网方式

2.1 NodeB 的系统配置

2.1.1 DBS3900的设备特点

DBS3900 系列化基站，采用了业界领先的宽带化、多制式、模块化设计理念，基本功能模块数量仅为 3 种，具有体积小、集成度高、功耗低、易于快速部署等特点。通过功能模块与安装配套件的灵活组合，可形成多样化的产品形态。同时，运营商可将不同制式的模块混插在同一机柜，构建适应多种应用场景的基站，加快新频段和新技术的引入，有效解决移动网络多制式融合的发展需求。

DBS3900 系列基站的设备特点如下。

1. 适应多样化的无线环境

DBS3900 系列化基站由 3 种基本模块结合配套件可构建丰富的产品形态，如宏基站、分布式基站、紧凑型小基站等，可以适应不同场景的建网需要。

DBS3900 系列化基站采用统一的平台设计，不同无线制式可以共柜安装，同频段时可以共模块（基于 SDR 技术），解决运营商制式选择的困惑。

2. 大幅降低 TCO

DBS3900 系列化基站支持灵活安装，可降低运营商站址选择的难度，实现低成本快速建网。其中，基带模块（BBU3900）只有 19 英寸宽、2U 高，能够安装在室内狭小空间或室外机柜中；射频单元（RRU）可靠近天线安装，无需额外占用机房空间。

DBS3900 系列化基站基于 IP 交换和多载波技术，支持多种传输接口，在满足日益增长的移动数据业务发展的同时，为用户提供了尽可能快的数据传输速率。

21

3. 绿色基站，节省能耗

DBS3900 系列基站采用高效数字功放，可以大幅降低能源消耗，构建绿色通信网络。基站能耗的大幅降低，使得太阳能等绿色能源给基站供电成为可能。

DBS3900 系列化基站同时提供对太阳能、油机等设备的监控功能，提高了 NodeB 的可操作性和可维护性，使 NodeB 成为更为环保的基站。

4. 支持未来平滑演进

DBS3900 系列化基站硬件上已支持HSPA+、LTE（Long Term Evolution），后续只需升级软件即可实现向 HSPA+、LTE 的平滑演进，保护未来长期演进的投资。

2.1.2 DBS3900的系统原理

DBS3900 基站系统的功能模块包括：BBU 基带处理模块（BBU3900）和 RRU（RRU3908）射频远端模块。基站系统的逻辑结构如图 2-1 所示：

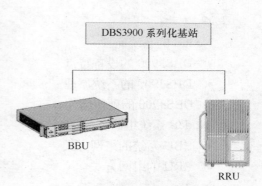

图 2-1 基站系统的逻辑结构图

DBS3900 基站系统各模块的功能及描述，请见表 2-1 所示。

表 2-1 　　　　　　　　DBS3900 基站系统各模块的功能及描述

功能模块	说明
BBU3900	BBU3900 是基带处理单元，是提供 DBS3900 系列化基站与 RNC 之间信息交互的接口单元
RRU3908	RRU 是室外射频远端处理模块，负责传送和处理 BBU3900 和天馈系统之间的射频信号

1. BBU3900 的系统原理

BBU3900 采用模块化设计，根据各模块实现的功能不同划分为：控制子系统、基带子系统、传输子系统和电源模块。

BBU3900 的系统原理如图 2-2 所示。

（1）控制子系统

控制子系统功能由 WMPT 板实现。

控制子系统集中管理整个基站系统，包括操作维护和信令处理，并提供系统时钟。

① 操作维护功能包括：设备管理、配置管理、告警管理、软件管理、调测管理等。

② 信令处理功能包括：NBAP（NodeB Application Part）信令处理、ALCAP（Access Link Control Application Part）处理、SCTP（Stream Control Transmission Protocol）处理、逻辑资源管理等。

③ 时钟模块功能包括：为基站提供系统时钟。支持与 Iub 接口时钟、GPS 时钟、BITS 时钟、IP 时钟等外部时钟进行同步，确保系统时钟的精度满足要求。

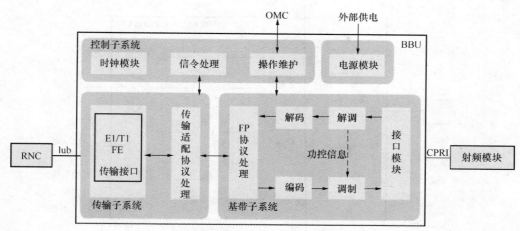

图 2-2　BBU3900 的系统原理图

（2）基带子系统

基带子系统功能由 WBBP 板实现。基带子系统用于完成上下行数据基带处理，主要由上行处理模块和下行处理模块组成。

① 上行处理模块：包括解调和解码模块。上行处理模块对上行基带数据进行接入信道搜索解调和专用信道解调，得到解扩解调的软判决符号，经过解码处理、FP（Frame Protocol）处理后，通过传输子系统发往 RNC。

② 下行处理模块：包括编码和调制模块。下行处理模块接收来自传输子系统的业务数据，发送至 FP 处理模块，完成 FP 处理，然后编码，再完成传输信道映射、物理信道生成、组帧、扩频调制、功控合路等功能，最后将处理后的信号送至接口模块。

BBU3900 将 CPRI 接口模块集成到基带子系统中，用于连接 BBU3900 和射频模块。

（3）传输子系统

传输子系统功能由 WMPT 板和 UTRP 板实现。主要功能如下：

① 提供与 RNC 的物理接口，完成 NodeB 与 RNC 之间的信息交互；

② 为 BBU3900 的操作维护提供与 OMC（LMT 或 M2000）连接的维护通道。

（4）电源模块

电源模块将-48V DC/+24V DC 转换为单板需要的电源，并提供外部监控接口。

2. RRU 系统原理

RRU 各模块根据实现的功能不同划分为接口模块、TRX、PA（Power Amplifier）、LNA（Low Noise Amplifier）、滤波器、电源模块。此外，RRU3804 和 RRU3808 还可配套使用 RXU。RRU 各功能模块如图 2-3 所示。

（1）接口模块

接口模块的主要功能如下：

① 接收 BBU 送来的下行基带数据；

② 向 BBU 发送上行基带数据；

③ 转发级联 RRU 的数据。

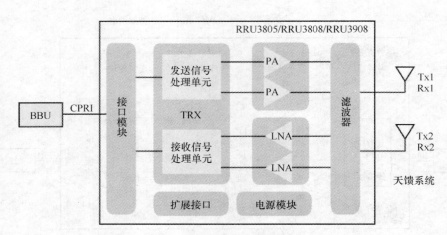

图 2-3 RRU 各功能模块图

（2）TRX

RRU3805/RRU3808/RRU3908 中的 TRX 包括两路射频接收通道和两路射频发射通道。

接收通道完成的功能：

① 将接收信号下变频至中频信号；

② 将中频信号进行放大处理；

③ 模数转换；

④ 数字下变频；

⑤ 匹配滤波；

⑥ 数字自动增益控制 DAGC。

发射通道完成的功能：

① 下行扩频信号的成形滤波；

② 数模转换；

③ 将中频信号上变频至发射频段。

（3）PA

PA 采用 DPD 和 A-Doherty 技术，对来自 TRX 的小功率射频信号进行放大。

（4）滤波器

RRU3805/RRU3808/RRU3908 中的滤波器由两个双工收发滤波器组成。

滤波器的主要功能如下：

① 双工收发滤波器提供一路射频通道接收信号和一路发射信号复用功能，使接收信号与发射信号共用一个天线通道，并对接收信号和发射信号提供滤波功能；

② 接收滤波器对一路接收信号提供滤波功能。

（5）LNA

低噪声放大器 LNA 将来自天线的接收信号进行放大。

（6）电源模块

电源模块为 RRU 各组成模块提供电源输入。

2.1.3 DBS3900的硬件结构

1. BBU3900 的硬件结构

（1）BBU3900 的外观

BBU3900 采用盒式结构，可安装在 19 英寸宽、2U 高的狭小空间里，如室内墙壁、楼梯间、储物间或现网室外机柜中。BBU3900 的外观如图 2-4 所示。

BBU3900 的机械尺寸为 442mm（宽）×310mm（深）×86mm（高）。

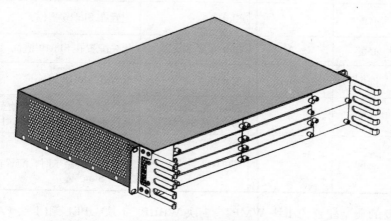

图 2-4　BBU3900 外观图

（2）BBU3900 的基本配置

BBU3900 的必配单板和模块包括：主控传输板 WMPT、基带处理板 WBBP、风扇模块 FAN 和电源模块 UPEU 等。所有单板支持即插即用和灵活的槽位配置。

BBU3900 的选配单板包括：星卡时钟板 USCU、扩展传输板 UTRP 和环境监控板接口板 UEIU。

BBU3900 最大可支持 24 个小区，可灵活提供从 1×1 到 6×4 或 3×8 的不同容量配置。

（3）BBU3900 的槽位介绍

BBU3900 的槽位如图 2-5 所示。

Slot 16	Slot 0	Slot 4	Slot 18
	Slot 1	Slot 5	
	Slot 2	Slot 6	Slot 19
	Slot 3	Slot 7	

图 2-5　BBU3900 槽位

（4）BBU3900 的单板配置

BBU3900 的单板配置原则如表 2-2 所示。

表 2-2   BBU3900 的单板配置原则

单板名称	选配/必配	最大配置数	安装槽位	配置限制
WMPT	必配	2	Slot6 或 Slot7	优先配置在 Slot7
WBBP	必配	4	Slot0 ～ Slot3	默认配置在 Slot3；配置在 Slot16 槽位。如果需要扩 CPRI，配置在 Slot2。如果不需要扩 CPRI，优先配置在 Slot0，其次配置在 Slot1，再次配置在 Slot2
FAN	必配	1	Slot16	配置在 Slot16 槽位
UPEU	必配	2	Slot18 或 Slot19	优先配置在 Slot19 槽位
UEIU	选配	1	Slot18	配置在 Slot18 槽位
UTRP	选配	4	Slot0 或 Slot1 或 Slot4 或 Slot5	优先配置在 Slot4，其次配置在 Slot5，再次配置在 Slot0 和 Slot1
USCU	选配	1	Slot1 或 Slot（）	优先配置在 Slot1 使用 1U 双星卡时，配置在 Slot1，同时占用 Slot0

    BBU3900 的典型配置为 1 块 WMPT、1 块 WBBP、1 块 UPEU 和 1 块 FAN，如图 2-6 所示。

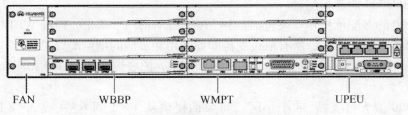

FAN   WBBP   WMPT   UPEU

图 2-6   BBU3900 的典型配置

（5）BBU3900 单板简介

① WMPT

WMPT（WCDMA Main Processing&Transmission unit）是 BBU3900 的主控传输板，为其他单板提供信令处理和资源管理功能。

· 面板

WMPT 面板如图 2-7 所示。

图 2-7   WMPT 面板

- 功能

WMPT 的主要功能包括：

■ 完成配置管理、设备管理、性能监视、信令处理、主备切换等 OM 功能，并提供与 OMC（LMT 或 M2000）连接的维护通道；

■ 为整个系统提供所需要的基准时钟；

■ 为 BBU3900 内其他单板提供信令处理和资源管理功能；

■ 提供 USB 接口。安装软件和配置数据时，插入 USB 设备，自动为 NodeB 软件升级；

■ 提供 1 个 4 路 E1/T1 接口；

■ 提供 1 路 FE 电接口、1 路 FE 光接口；

■ 支持冷备份功能。

- 指示灯

WMPT 面板指示灯的含义如表 2-3 所示。

表 2-3   WMPT 面板指示灯

面板标识	颜色	状态	含义
RUN	绿色	常亮	有电源输入，单板存在问题
		常灭	无电源输入
		1s 亮，1s 灭	单板已按配置正常运行
		0.125s 亮，0.125s 灭	单板正在加载或者单板未开始工作
ALM	红色	常灭	无故障
		常亮	单板有硬件告警
ACT	绿色	常亮	主用状态
		常灭	备用状态

除了以上 3 个指示灯外，还有 6 个指示灯，用于表示 FE 光口、FE 电口、调试串网口的连接状态。这 6 个指示灯在 WMPT 上没有丝印显示，它们位于每个接口的两侧，如图 2-8 所示。

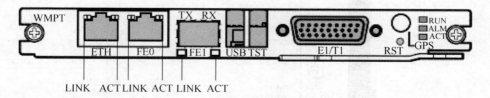

图 2-8   WMPT 面板指示灯

接口指示灯的含义如表 2-4 所示。

WCDMA

基站系统原理与装调维护 ■■■

表 2-4　　　　　　　　　　　　WMPT 接口指示灯

指示灯	颜色	状态	含义
FE1 光口	绿色（LINK）	常亮	连接成功
		常灭	没有连接
	绿色（ACK）	闪烁	有数据收发
		常灭	没有数据收发
FE0 电口	绿色（LINK）	常亮	连接成功
		常灭	没有连接
	黄色（ACK）	闪烁	有数据收发
		常灭	没有数据收发

● 接口

WMPT 面板接口的含义如表 2-5 所示。

表 2-5　　　　　　　　　　　　WMPT 面板接口

面板标识	连接器类型	说明
E1/T1	DB26 连接器	E1
FE0	RJ45 连接器	FE 电口
FE1	SFP 连接器	FE 光口
GPS	SMA 连接器	预留
ETH	RJ45 连接器	调试串网口
USB	USB 连接器	USB 加载口
TST	USB 连接器	USB 调试口
RST	—	硬件复位按钮

● 拨码开关

WMPT 共有 2 个拨码开关，SW1 用于设置 E1/T1 的工作模式，SW2 用于设置各模式下 4 路 E1/T1 接受信号线接地情况。WMPT 拨码开关如图 2-9 所示。

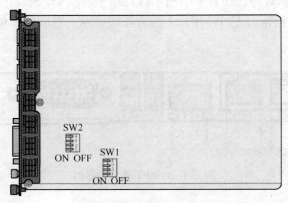

图 2-9　WMPT 的拨码开关

WMPT 的拨码开关设置如表 2-6、表 2-7 所示。

表 2-6　　　　　　　　　　　　　WMPT 单板拨码开关 SW1

拨码开关	拨码状态				说明
	1	2	3	4	
SW1	ON	ON	OFF	OFF	T1 模式
	OFF	OFF	ON	ON	E1 阻抗选择 120Ω
	ON	ON	ON	ON	E1 阻抗选择 75Ω
	其他				不可用

表 2-7　　　　　　　　　　　　　WMPT 单板拨码开关 SW2

拨码开关	拨码状态				说明
	1	2	3	4	
SW2	OFF	OFF	OFF	OFF	平衡模式
	ON	ON	ON	ON	非平衡模式
	其他				不可用

② WBBP

WBBP（WCDMA BaseBand Process unit）单板是 BBU3900 的基带处理板，主要用于实现基带信号处理功能。

- 面板

WBBP 面板有三种外观，如图 2-10、图 2-11 和图 2-12 所示。

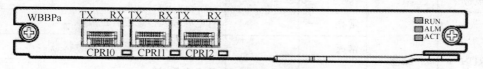

图 2-10　WBBPa 面板外观图

图 2-11　WBBPb 面板外观图

图 2-12　WBBPd 面板外观图

- 功能

WBBP 单板的主要功能包括：

■ 提供与射频模块通信的 CPRI 接口，支持 CPRI 接口的 1+1 备份；

■ 处理上/下行基带信号；

■ WBBPd 支持板内干扰对消；

■ WBBPd 安装在 Slot2 或 Slot3 槽位时，支持上行数据的 IC 对消。

WBBP 单板规格如表 2-8 所示。

表 2-8   WBBP 单板规格

单板名称	小区数	上行 CE 数	下行 CE 数
WBBPa	3	128	256
WBBPb1	3	64	64
WBBPb2	3	128	128
WBBPb3	6	256	256
WBBPb4	6	384	384
WBBPd1	6	192	192
WBBPd2	6	384	384
WBBPd3	6	256	256

- 指示灯

WBBP 单板提供 3 个面板指示灯，指示灯的含义如表 2-9 所示。

表 2-9   WBBP 单板指示灯

面板标识	颜色	状态	含义
RUN	绿色	常亮	有电源输入，单板存在故障
		常灭	无电源输入或单板处于故障状态
		1s 亮，1s 灭	单板正常运行
		0.125s 亮，0.125s 灭	单板处于加载状态
ACT	绿色	常亮	单板工作
		常灭	未使用
ALM	红色	常灭	无故障
		常亮	单板有硬件告警

WBBPa、WBBPb 单板提供 3 个 SFP 接口链路状态指示灯，位于 SFP 接口下方；WBBPd 单板提供 6 个 SFP 接口链路状态指示灯，位于 SFP 接口上方。

指示灯不同状态的含义如表 2-10 所示。

表 2-10   SFP 接口链路状态指示灯

面板标识	颜色	状态	含义
TX RX	红绿双色	常灭	光模块端口未配置或者光模块电源下电
		绿灯常亮	CPRI 链路正常，射频模块无硬件故障
		红灯常亮	光模块不在位或 CPRI 链路故障
		红灯快闪（0.125s 亮，0.125s 灭）	CPRI 链路上的射频模块硬件故障，需要更换
		红灯慢闪（1s 亮，1s 灭）	CPRI 链路上的射频模块存在驻波告警、天馈告警、射频模块外部告警故障

- 接口

WBBPa 面板有 3 个 CPRI 接口，其含义如表 2-11 所示。

表 2-11   WBBPa 面板接口

面板标识	连接器类型	说明
CPRIx	SFP 母型连接器	BBU 与射频模块互连的数据传输接口，支持光、电传输信号的输入、输出

WBBPd 面板有 6 个 CPRI 接口，其含义如表 2-12 所示。

表 2-12   WBBPd 面板接口

面板标识	连接器类型	说明
CPRI0、CPRI1、CPRI2、CPRI3/EIH0、CPRI4/EIH1、CPRI5/EIH2	SFP 母型连接器	BBU 与射频模块互连的数据传输接口，支持光、电传输信号的输入、输出

③ FAN

FAN 是 BBU3900 的风扇模块，主要用于风扇的转速控制及风扇板的温度检测，并为 BBU 提供散热功能。

- 面板

FAN 面板如图 2-13 所示。

- 功能

FAN 模块的主要功能包括：

■ 控制风扇转速；

■ 向主控板上报风扇状态；

■ 检测进风口温度；

■ 提供散热功能。

- 指示灯

FAN 面板只有 1 个指示灯，用于指示 FAN 的工作状态。指示灯的含义如表 2-13 所示。

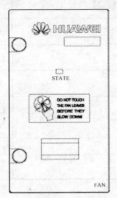

图 2-13　FAN 面板

表 2-13　　　　　　　　　　　　　FAN 面板指示灯

面板标识	颜色	状态	含义
STATE	绿色	0.125s 亮，0.125s 灭	模块尚未注册，无告警
		1s 亮，1s 灭	模块正常运行
	红色	常灭	模块无告警
		1s 亮，1s 灭	模块有告警

④ UPEU

UPEU（Universal Power and Environment Interface Unit）是 BBU3900 的电源模块，用于将−48V DC 或+24V DC 输入电源转换为+12V DC。

- 面板

UPEU 有两种类型，分别为 UPEUa（Universal Power and Environment Interface Unit Type A）和 UPEUb（Universal Power and Environment Interface Unit Type B），UPEUa 是将−48V DC 输入电源转换为+12V 直流电源；UPEUb 是将+24V DC 输入电源转换为+12V 直流电源。面板外观如图 2-14、图 2-15 所示。

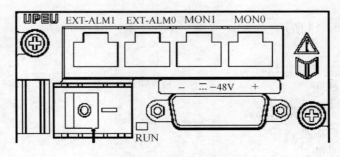

图 2-14　UPEUa 面板外观图

- 功能

UPEU 的主要功能包括:

■ 将-48V DC 或+24V DC 输入电源转换为支持的+12V 工作电源;

■ 提供 2 路 RS485 信号接口和 8 路开关量信号接口;

■ 具有防反接功能;

■ 如果配置两个 UPEU,需要两路电源输入。配置在 Slot19 的 UPEU 工作在主用状态,配置在 Slot18 的 UPEU 工作在备用状态。

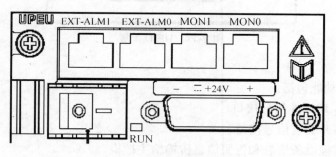

图 2-15 UPEUb 面板外观图

- 指示灯

UPEU 面板有 1 个指示灯,用于指示 UPEU 的工作状态。指示灯含义如表 2-14 所示。

表 2-14 UPEU 面板指示灯

面板标识	颜色	状态	含义
RUN	绿色	常亮	正常工作
		常灭	无电源输入,或故障

- 接口

UPEU 可提供 2 路 RS485 信号接口和 8 路开关量信号接口,UPEU 配置在不同的槽位,其信号的含义不同。BBU 槽位配置如图 2-16 所示。

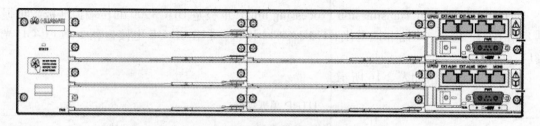

图 2-16 BBU 槽位配置

⑤ UEIU

UEIU(Universal Environment Interface Unit)是 BBU3900 的环境接口板,主要用于将环境监控设备信息和告警信息传输给主控板。

- 面板

UEIU 面板如图 2-17 所示。

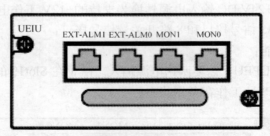

图 2-17　UEIU 面板

- 功能

UEIU 的主要功能包括：

■ 提供 2 路 RS485 信号接口；

■ 提供 8 路开关量信号接口；

■ 将环境监控设备信息和告警信息传输给主控板。

- 接口

UEIU 配置在 PWR1 槽位，可提供 2 路 RS485 信号接口和 8 路开关量信号接口。

UEIU 面板接口的含义如表 2-15 所示。

表 2-15　　　　　　　　　　　　　　　　UEIU 面板接口

配置槽位	面板标识	连接器类型	接口数量	说明
Slot18	EXT-ALM0	RJ45	1	0~3 号开关量信号输入端口
	EXT-ALM1	RJ45	1	4~7 号开关量信号输入端口
	MON0	RJ45	1	0 号 RS485 信号输入端口
	MON1	RJ45	1	1 号 RS485 信号输入端口

⑥ UTRP

UTRP（Universal Transmission Processing unit）单板是 BBU3900 的传输扩展板，可提供 8 路 E1/T1 接口、1 路非通道化 STM-1/OC-3 接口、4 路 FE/GE 电接口和 2 路 FE/GE 光接口。

UTRP 单板规格如表 2-16 所示。

表 2-16　　　　　　　　　　　　　　　　UTRP 单板规格

单板名称	扣板/单板类型	接口
UTRP2	UEOC	通用 2 路 FE/GE 光接口
UTRP3	UAEC	8 路 ATM over E1/T1 接口
UTRP4	UIEC	8 路 IP over E1/T1 接口

续表

单板名称	扣板/单板类型	接口
UTRP6	UUAS	1 路非通道化 STM-1/OC-3 接口
UTRP9	UQEC	通用 4 路 FE/GE 电接口

- 面板

UTRP2 单板面板如图 2-18 所示。

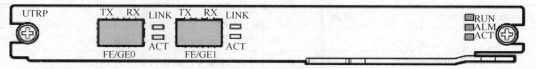

图 2-18　UTRP2 面板外观图（支持 2 路光口）

UTRP3、UTRP4 单板面板如图 2-19 所示。

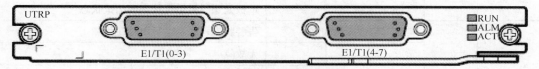

图 2-19　UTRP3、UTRP4 面板外观图（支持 8 路 E1/T1）

UTRP6 单板面板如图 2-20 所示。

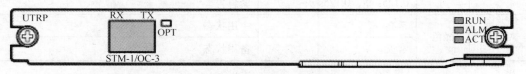

图 2-20　UTRP6 面板外观图（支持 1 路 STM-1）

UTRP9 单板面板如图 2-21 所示。

图 2-21　UTRP9 面板外观图（支持 4 路电口）

- 功能

UTRP 单板的主要功能包括：

■　UTRP2 单板提供 2 个 100M/1000M 速率的以太网光接口，完成以太网 MAC 层功能，实现以太网链路数据的接收、发送和 MAC 地址解析等；

■　UTRP3 单板提供 8 路 E1/T1 接口，实现在 8 路 E1/T1 物理链路上对单一 ATM 信元流实现反向复用和解复用功能；

■　UTRP4 单板提供 8 路 E1/T1 接口，实现 HDLC 帧的解帧与组帧处理，完成 256 个 HDLC 时隙通道的分配和控制；

■ UTRP6 单板支持 1 路非通道化 STM-1/OC-3 接口；

■ UTRP9 单板提供 4 个 10M/100M/1000M 速率以太网电接口，完成以太网的 MAC 层和 PHY 层功能；

■ 支持冷备份功能。

• 指示灯

UTRP 面板指示灯的含义如表 2-17 所示。

表 2-17   UTRP 面板指示灯

面板标识	颜色	状态	含义
RUN	绿色	常亮	有电源输入，单板存在故障
		常灭	无电源输入，或单板处于故障状态
		1s 亮，1s 灭	单板已按配置运行，处于正常工作状态
		0.125s 亮，0.125s 灭	单板未被配置或处于加载状态
		2s 亮，2s 灭	单板处于脱机运行状态或测试状态
ALM	红色	常亮（包含高频闪烁）	告警状态，表示运行中存在故障
		常灭	无故障
		2s 亮，2s 灭	次要告警
		1s 亮，1s 灭	主要告警
		0.125s 亮，0.125s 灭	紧急告警
ACT	绿色	常亮	主用状态
		常灭	备用状态

UTRP2、UTRP9 单板每个网口对外提供两个指示灯显示当前链路的状态，网口指示灯含义如表 2-18 所示。

表 2-18   UTRP2、UTRP9 网口指示灯

面板标识	颜色	状态	含义
LINK	绿色	常灭	链路没有连接
		常亮	链路连接正常
ACT	橙色	闪烁	链路有数据收发
		常灭	链路没有数据收发

• 接口

UTRP2 单板接口如表 2-19 所示。

表 2-19   UTRP2 面板接口（支持 2 路光口）

面板标识	接口类型	数量	连接器类型
FE/GE0～FE/GE1	FE/GE 光口	2	SFP 连接器

UTRP3、UTRP4 面板接口如表 2-20 所示。

表 2-20　　　　　　　UTRP3、UTRP4 面板接口（支持 8 路 E1/T1）

面板标识	接口类型	数量	连接器类型
E1/T1	E1/T1	2	DB26 连接器

UTRP6 面板接口如表 2-21 所示。

表 2-21　　　　　　　UTRP6 面板接口（支持 1 路 STM-1）

面板标识	接口类型	数量	连接器类型
STM-1/OC-3	STM-1/OC-3	1	SFP 连接器

UTRP9 面板接口如表 2-22 所示。

表 2-22　　　　　　　UTRP9 面板接口（支持 4 路电口）

面板标识	接口类型	数量	连接器类型
FE/GE0～FE/GE3	FE/GE 电口	4	RJ45 连接器

- 拨码开关

UTRP2、UTRP6、UTRP9 无拨码开关。

UTRP3、UTRP4 有 3 个拨码开关，SW1 和 SW2 用于设置 E1 接收端是否接地，SW3 用于选择 E1 信号线阻抗模式。拨码开关如图 2-22 所示。

图 2-22　拨码开关

UTRP 单板拨码开关设置方法如表 2-23、表 2-24、表 2-25 所示。

表 2-23   UTRP 单板拨码开关 SW1

拨码开关	拨码状态				说明
	1	2	3	4	
SW1	OFF	OFF	OFF	OFF	平衡模式
	ON	ON	ON	ON	非平衡模式
	其他				不可用

表 2-24   UTRP 单板拨码开关 SW2

拨码开关	拨码状态				说明
	1	2	3	4	
SW2	OFF	OFF	OFF	OFF	平衡模式
	ON	ON	ON	ON	非平衡模式
	其他				不可用

表 2-25   UTRP 单板拨码开关 SW3

拨码开关	拨码状态				说明
	1	2	3	4	
SW3	OFF	OFF	ON	ON	T1 模式
	ON	ON	OFF	OFF	E1 阻抗选择 120Ω
	ON	ON	ON	ON	E1 阻抗选择 75Ω
	其他				不可用

⑦ USCU

USCU（Universal Satellite card and Clock Unit）为通用星卡时钟单元。

● 面板

USCU 单板有 USCUb1 和 USCUb2 两种外观，分别如图 2-23 和图 2-24 所示。

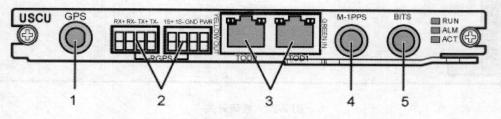

图 2-23   USCUb1 单板面板（0.5U）

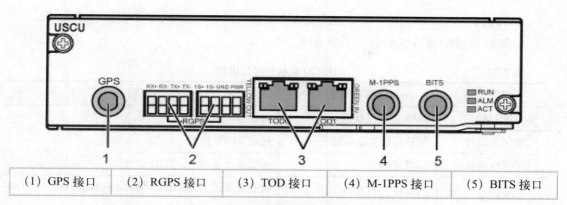

(1) GPS 接口	(2) RGPS 接口	(3) TOD 接口	(4) M-1PPS 接口	(5) BITS 接口

图 2-24　USCUb2 单板面板（1U）

- 功能

USCU 的主要功能包括：

■　提供与外界 RGPS（如局方利旧设备）、Metro1000 设备、BITS 设备和 TOD 输入的接口；

■　USCUb1 单板带 GPS 星卡，支持 GPS，实现时间同步或从传输获取准确时钟；

■　USCUb2 单板带双星卡，支持 GPS 和 GLONASS。

- 指示灯

USCU 单板的指示灯说明如表 2-26 和表 2-27 所示。

表 2-26　　　　　　　　　　　　USCU 单板的指示灯说明

指示灯	颜色	状态	说明
RUN	绿色	常亮	有电源输入，单板存在故障
		常灭	无电源输入或单板故障
		慢闪（1s 亮，1s 灭）	单板正常运行
		快闪（0.125s 亮，0.125s 灭）	单板处于加载状态，或者单板没有被配置
ALM	红色	常灭	运行正常，无告警
		常亮	有告警，需要更换单板
		慢闪（1s 亮，1s 灭）	有告警，不能确定是否需要更换单板，可能是相关单板或接口等故障引起的告警
ACT	绿色	常亮	USCU 与主控板通信的串口打开
		常灭	USCU 与主控板通信的串口关闭

表 2-27　　　　　　　　　　　　TOD 接口指示灯

颜色	含义	默认配置
绿色	常亮：TOD 接口配置为输入	TOD0 绿灯灭，黄灯亮
黄色	常灭：TOD 接口配置为输出	TOD1 黄灯灭，绿灯亮

• 接口

USCU 单板的接口说明如表 2-28 所示。

表 2-28   USCU 单板的接口说明

接口	连接器类型	说明
GPS 接口	SMA 同轴连接器	接收 GPS 信号
RGPS 接口	PCB 焊接型接线端子	接收 RGPS 信号
TOD0 接口	RJ45 连接器	接收或发送 1PPS+TOD 信号
TOD1 接口	RJ45 连接器	接收或发送 1PPS+TOD 信号，接收 M1000 的 TOD 信号
BITS 接口	SMA 同轴连接器	接 BITS 时钟，支持 2.048M 和 10M 时钟参考源自适应输入
M-1PPS 接口	SMA 同轴连接器	接收 M1000 的 1PPS 信号

2. RRU3908 的硬件结构

（1）RRU 模块的外形

RRU3908 模块采用模块化结构，对外接口分布在模块底部和配线腔中。RRU 包括 DC RRU 和 AC RRU 两种。

DC RRU 模块的外形如图 2-25 所示。左边为带外壳的模块，右边为不带外壳的模块。

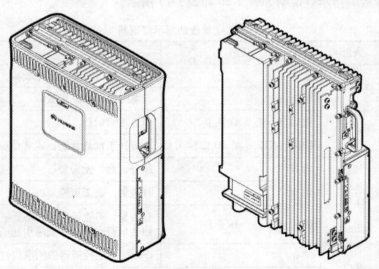

图 2-25   DC RRU 模块外形图

AC RRU 模块的外形如图 2-26 所示。左边为带外壳的模块，右边为不带外壳的模块。

（2）RRU 的规格

RRU 按照功率和处理能力的不同，分为 RRU3804、RRU3801E、RRU3801C、RRU3808、RRU3806 和 RRU3908 V2，其中 RRU3808、RRU3908 V2 具备两个接收通道和两个发射通道。

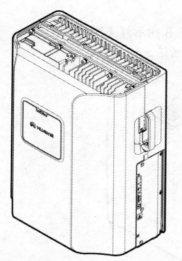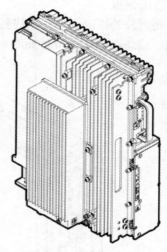

图 2-26 AC RRU 模块外形图

不同类型 RRU 的规格如表 2-29 所示。

表 2-29   RRU 类型/规格

类型	最大输出功率	支持载波数
RRU3804	60W	4 载波
RRU3801E	60W	2 载波
RRU3801C	40W	2 载波
RRU3808	2×40W	4 载波
RRU3806	80W	4 载波
RRU3908	2×40W	4 载波

（3）RRU 的物理接口

RRU 对外接口分布在模块底部和配线腔中。RRU 的物理接口包括：电源接口、传输接口、告警接口等，如表 2-30 所示。

表 2-30   RRU3908 V2 的物理接口

接口	连接器类型	数量	说明
电源接口	压接型连接器	1	−48V 直流电源接口
光接口	eSFP 插座	2	传输接口
电调天线通信接口	DB9 连接器	1	其他接口
主集发送/接收接口	DIN 型母型防水连接器	1	射频接口
射频互连接口	2W2 连接器	1	射频接口
告警接口	DB15 连接器	1	提供干结点告警

WCDMA
基站系统原理与装调维护

（4）RRU 模块面板

RRU 模块面板分为底部面板、配线腔面板和指示灯区域。

- DC RRU 模块各面板的位置如图 2-27 所示。

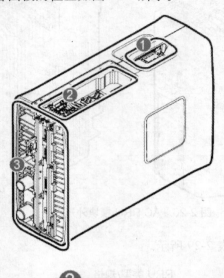

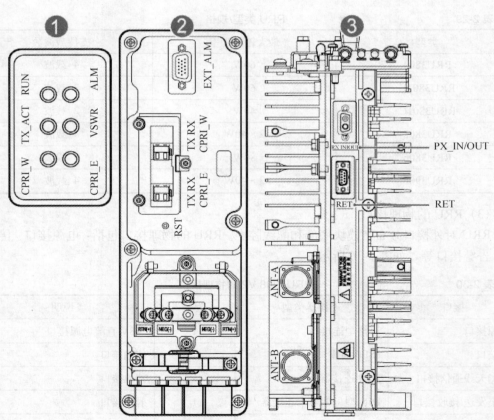

图 2-27　RRU 模块面板图

- AC RRU 模块各面板的位置如图 2-28 所示。

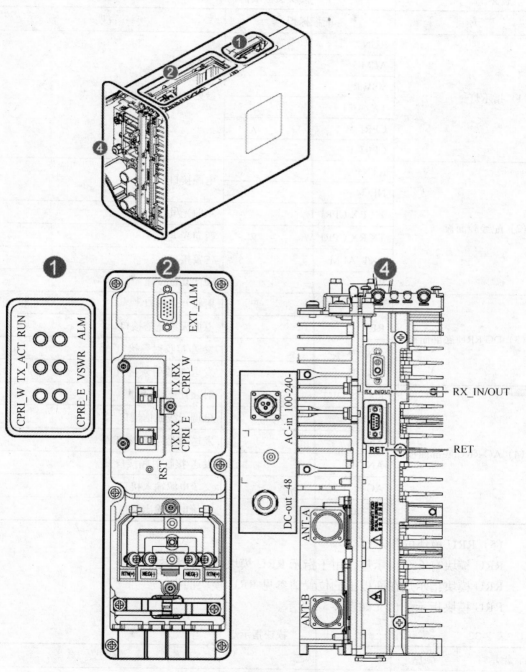

图 2-28　RRU 模块面板图

DC RRU 和 AC RRU 模块面板上的指示灯和配线腔面板是相同的，但底部面板不同。RRU 的指示灯、配线腔面板和底部面板的说明如表 2-31 所示。

表 2-31　　　　　　　　　　　　　模块面板项目说明

项目	面板标识	说明
(1) 指示灯	RUN	参见 RRU 模块指示灯列表
	ALM	
	VSWR	
	TX_ACT	
	CPRI_W	
	CPRI_E	
(2) 配线腔面板	RTN+	电源接口
	NEG-	
	TX RX CPRI_E	东向光/电接口
	TX RX CPRI_W	西向光/电接口
	EXT_ALM	告警接口
	RST	硬件复位按钮
(3) DC RRU 底部面板	RX_IN/OUT	射频互连接口
	RET	电调天线通信接口
	ANT-A	发送/接收射频接口 A
	ANT-B	发送/接收射频接口 B
(4) AC RRU 底部面板	RX_IN/OUT	射频互连接口
	RET	电调天线通信接口
	ANT-A	发送/接收射频接口 A
	ANT-B	发送/接收射频接口 B
	AC-in	交流电源输入接口
	DC-out	直流电源输出接口

(5) RRU 模块的指示灯

RRU 模块有 6 个指示灯，用于指示 RRU 模块的运行状态。

RRU 模块指示灯在面板上的位置请参见 RRU 模块面板。

RRU 模块指示灯含义如表 2-32 所示。

表 2-32　　　　　　　　　　　　　模块指示灯

指示灯	颜色	状态	含义
RUN	绿色	常亮	有电源输入，单板故障
		常灭	无电源输入，或单板故障
		慢闪（1s 亮，1s 灭）	单板正常运行
		快闪（0.125s 亮、0.125s 灭）	单板正在加载软件，或者单板未开工

续表

指示灯	颜色	状态	含义
ALM	红色	常亮	告警状态，需要更换模块
		慢闪（1s 亮，1s 灭）	告警状态，不能确定是否需要更换模块，可能是相关单板或接口等故障引起的告警
		常灭	无告警
ACT	绿色	常亮	工作正常（发射通道打开）
		慢闪（1s 亮，1s 灭）	单板运行（发射通道关闭）
VSWR	红色	常灭	无 VSWR 告警
		慢闪（1s 亮，1s 灭）	"ANT-B" 端口有 VSWR 告警
		常亮	"ANT-A" 端口有 VSWR 告警
		快闪（0.125s 亮，0.125s 灭）	"ANT-A" 和 "ANT-B" 端口有 VSWR 告警
CPRI_W	红绿双色	绿灯亮	CPRI 链路正常
		红灯亮	光模块接收异常告警
		红灯慢闪（1s 亮，1s 灭）	CPRI 链路失锁
		灭	SFP 模块不在位或者光模块电源下电
CPRI_E	红绿双色	绿灯亮	CPRI 链路正常
		红灯亮	光模块接收异常告警
		红灯慢闪（1s 亮，1s 灭）	CPRI 链路失锁
		灭	SFP 模块不在位或者光模块电源下电

2.1.4　DBS3900的配置原则

DBS3900 的配置类型主要有：典型配置、4 天线接收分集配置、发射分集配置、2×2 MIMO 配置、2T4R 配置等。

1. 典型配置

DBS3900 支持全向、2 扇区、3 扇区、6 扇区配置，支持从 1×1 到 6×4 或 3×8 配置的平滑扩容。

典型配置下，DBS3900 使用的模块主要包括：主控传输板 WMPT、基带处理板 WBBP、射频拉远单元 RRU，其中 WMPT、WBBP 安装在 BBU3900 中。

不同规格的 WBBP 分别可支持 3 小区或 6 小区。这里以支持 6 小区的 WBBP、60W RRU3804、2×40W RRU3808 为例，介绍 DBS3900 的典型配置。

（1）模块数量

典型配置下，DBS3900 使用的模块数量如表 2-33 所示。

表 2-33　　　　　　　　　　　　　　典型配置下 DBS3900 使用的模块数量

配置类型	WMPT 数量	WBBP（支持 6 小区）数量	RRU3804/RRU3806/RRU3808 数量（发不分集）
3×1	1	1	3
3×2	1	1	3
3×3	1	2	3
3×4	1	2	3

说明　　　　$N×M$ 是指 N 扇区，每扇区中配置 M 载波。例如，3×1 是指 3 扇区，每扇区配置 1 载波。

（2）线缆配线关系

下面以 3×1 和 3×4 配置为例，介绍 DBS3900 的线缆配线关系，如图 2-29、图 2-30、图 2-31、图 2-32 所示。

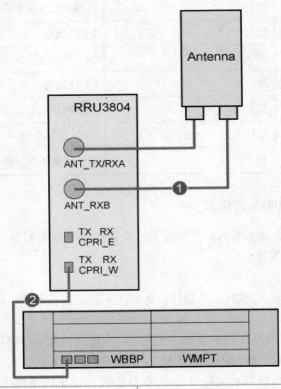

（1）天馈跳线	（2）CPRI 光纤

图 2-29　3×1 配置下 DBS3900 的线缆配线关系（配置 RRU3804）

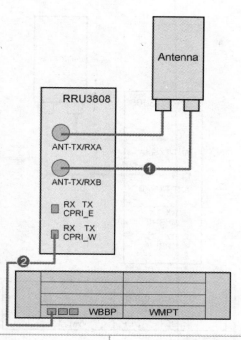

（1）射频跳线	（2）CPRI 光纤

图 2-30　3×1 配置下 DBS3900 的线缆配线关系（配置 RRU3808）

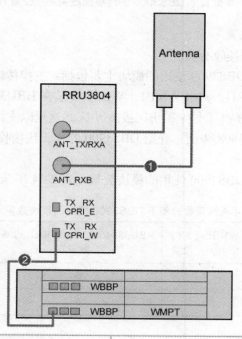

（1）天馈跳线	（2）CPRI 光纤

图 2-31　3×4 配置下 DBS3900 的线缆配线关系（配置 RRU3804）

47

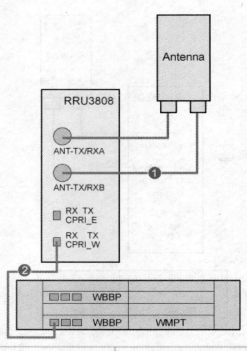

（1）射频跳线	（2）CPRI 光纤

图 2-32　3×4 配置下 DBS3900 的线缆配线关系（配置 RRU3808）

2. 4 天线接收分集配置

DBS3900 支持 4 天线接收分集。

4 天线接收分集下，DBS3900 使用的模块主要包括：主控传输板 WMPT、基带处理板 WBBP、射频拉远单元 RRU，其中 WMPT、WBBP 安装在 BBU3900 中。

不同规格的 WBBP 分别可支持 3 小区或 6 小区。这里以支持 6 小区的 WBBP、60W RRU3804、2×40W RRU3808 为例，介绍 DBS3900 的 4 天线接收分集配置。

（1）模块数量

4 天线接收分集下，DBS3900 使用的模块数量如表 2-34 所示。

表 2-34　　　　　　　4 天线接收分集下 DBS3900 使用的模块数量

配置类型	WMPT 数量	WBBP（支持 6 小区）数量	RRU3804/RRU3806/RRU3808 数量	RRU3804/RRU3808+RXU 数量
3×1	1	1	6	RRU×3 + RXU×3
3×2	1	2	6	RRU×3 + RXU×3

　4 天线节省模式下，支持 6 小区的 WBBP 支持的小区数降至 3 小区，支持 3 小区的 WBBP 支持的小区数不变。

（2）线缆配线关系

下面以 3×1 配置为例，介绍 4 天线接收分集下 DBS3900 的线缆配线关系，如图 2-33、图 2-34、图 2-35、图 2-36 所示。

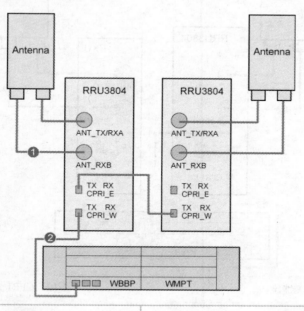

（1）天馈跳线	（2）CPRI 光纤

图 2-33　4 天线接收分集下 DBS3900 的线缆配线关系（配置 RRU3804）

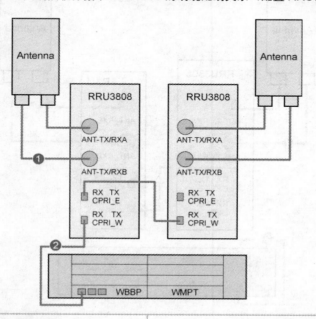

（1）射频跳线	（2）CPRI 光纤

图 2-34　4 天线接收分集下 DBS3900 的线缆配线关系（配置 RRU3808）

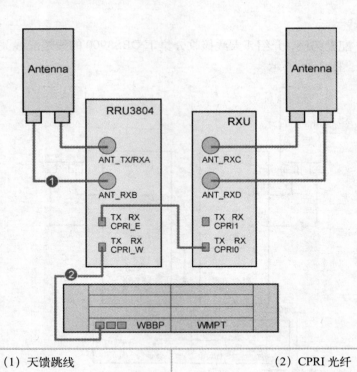

图 2-35　4 天线接收分集下 DBS3900 的线缆配线关系（配置 RRU3804+RXU）

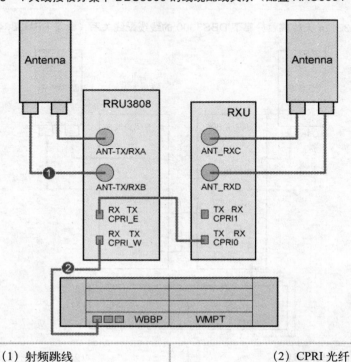

图 2-36　4 天线接收分集下 DBS3900 的线缆配线关系（配置 RRU3808+RXU）

3. 发射分集配置

DBS3900 支持发射分集。

发射分集下，DBS3900 使用的模块主要包括：主控传输板 WMPT、基带处理板 WBBP、射频拉远单元 RRU，其中 WMPT、WBBP 安装在 BBU3900 中。

不同规格的 WBBP 分别可支持 3 小区或 6 小区。这里以支持 6 小区的 WBBP、60W RRU3804、2×40W RRU3808 为例，介绍 DBS3900 的发射分集配置。

（1）模块数量

发射分集下，DBS3900 使用的模块数量如表 2-35 所示。

表 2-35　　　　　　　　　发射分集下 DBS3900 使用的模块数量

配置类型	WMPT 数量	WBBP（支持 6 小区）数量	RRU3804/RRU3806 数量	RRU3808 数量
3×1	1	1	6	3
3×2	1	2	6	3

（2）线缆配线关系

下面以 3×1 配置为例，介绍发射分集下 DBS3900 的线缆配线关系，如图 2-37、图 2-38 所示。

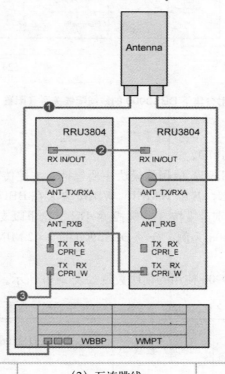

（1）天馈跳线	（2）互连跳线	（3）CPRI 光纤

图 2-37　发射分集下 DBS3900 的线缆配线关系（配置 RRU3804）

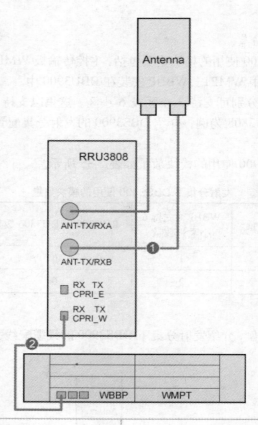

（1）射频跳线	（2）CPRI 光纤

图 2-38　发射分集下 DBS3900 的线缆配线关系（配置 RRU3808）

4．2×2 MIMO 配置

DBS3900 支持 2×2 MIMO。

2×2 MIMO 下，DBS3900 使用的模块主要包括：主控传输板 WMPT、基带处理板 WBBP、射频拉远单元 RRU，其中 WMPT、WBBP 安装在 BBU3900 中。

不同规格的 WBBP 分别可支持 3 小区或 6 小区。这里以支持 6 小区的 WBBP、60W RRU3804、2×40W RRU3808 为例，介绍 DBS3900 的 2×2 MIMO 配置。

（1）模块数量

2×2 MIMO 下，DBS3900 使用的模块数量如表 2-36 所示。

表 2-36　　　　　　　　2×2 MIMO 下 DBS3900 使用的模块数量

配置类型	WMPT 数量	WBBP（支持 6 小区）数量	RRU3804/RRU3806 数量	RRU3808 数量
3×1	1	1	6	3
3×2	1	2	6	3

52

（2）线缆配线关系

下面以 3×1 配置为例，介绍 2×2 MIMO 下 DBS3900 的线缆配线关系，如图 2-39、图 2-40 所示。

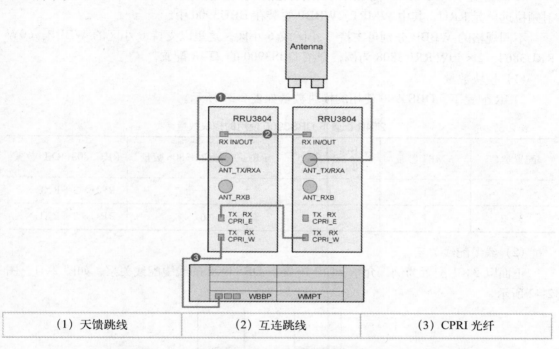

| （1）天馈跳线 | （2）互连跳线 | （3）CPRI 光纤 |

图 2-39　2×2 MIMO 下 DBS3900 的线缆配线关系（配置 RRU3804）

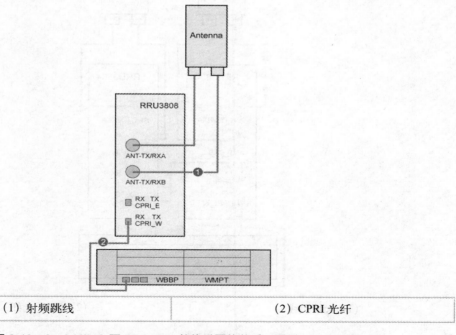

| （1）射频跳线 | （2）CPRI 光纤 |

图 2-40　2×2 MIMO 下 DBS3900 的线缆配线关系（配置 RRU3808）

5. 2T4R 配置

DBS3900 同时支持发射分集和 4 天线接收分集（即 2T4R 配置）。

2T4R 配置下，DBS3900 使用的模块主要包括：主控传输板 WMPT、基带处理板 WBBP、射频拉远单元 RRU，其中 WMPT、WBBP 安装在 BBU3900 中。

不同规格的 WBBP 分别可支持 3 小区或 6 小区。这里以支持 6 小区的 WBBP、60W RRU3804、2×40W RRU3808 为例，介绍 DBS3900 的 2T4R 配置。

（1）模块数量

2T4R 配置下，DBS3900 使用的模块数量如表 2-37 所示。

表 2-37　　　　　　　　　　　2T4R 配置下 DBS3900 使用的模块数量

配置类型	WMPT 数量	WBBP（支持 6 小区）数量	RRU3804/RRU3806 数量	RRU3808+RXU 数量
3×1	1	1	6	RRU×3 + RXU×3
3×2	1	2	6	RRU×3 + RXU×3

（2）线缆配线关系

下面以 3×1 配置为例，介绍 2T4R 配置下 DBS3900 的线缆配线关系，如图 2-41、图 2-42 所示。

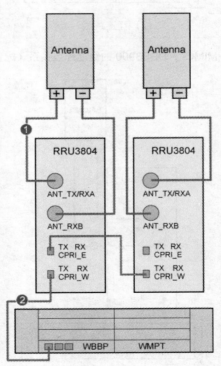

（1）天馈跳线	（2）CPRI 光纤

图 2-41　2T4R 配置下 DBS3900 的线缆配线关系（配置 RRU3804）

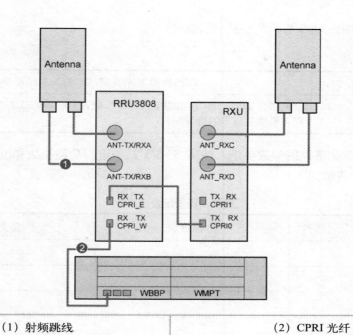

（1）射频跳线	（2）CPRI 光纤

图 2-42 2T4R 配置下 DBS3900 的线缆配线关系（配置 RRU3808+RXU）

2.1.5 任务与训练

任务书 1：DBS3900 基站典型站型的配置
任务书要求：

主题	DBS3900 基站典型站型的基本配置
任务详细描述	根据华为 DBS3900 基站的配置规范，配置完成 S1/1/1 站型的基站配置，完成各模块及板卡的数量配置

根据 DBS3900 基站的配置要求，按照 S1/1/1 站型进行功能模块和板卡的配置，在表 2-38 中填写配置清单。

表 2-38   模块及板卡配置清单 1

名称	数量（块）	槽位	功能说明
WMPT			
UBBP			
UTRP			
UPEU			
FAN			
RRU			

任务书 2： DBS3900 基站典型站型的配置

任务书要求：

主题	DBS3900 基站典型站型的基本配置
任务详细描述	根据华为 DBS3900 基站的配置规范，配置完成 S3/3/3 站型的基站配置，完成各模块及板卡的数量配置

根据 DBS3900 基站的配置要求，按照 S3/3/3 站型进行功能模块和板卡的配置，在表 2-39 中填写配置清单。

表 2-39   模块及板卡配置清单 2

名称	数量（块）	槽位	功能说明
WMPT			
UBBP			
UTRP			
UPEU			
FAN			
RRU			

2.1.6 考核评价

学习任务：_____   班级：_____

小组成员：_____

任务完成情况	任务 1 完成情况			任务 2 完成情况			备注
姓名	配置单板数量	配置单板槽位	描述单板功能	配置单板数量	配置单板槽位	描述单板功能	

教师评价：

2.2　NodeB 系统组网

2.2.1　BBU 系统的组网方式

BBU3900 系统组网是指 DBS3900 基站与 RNC 之间的组网。DBS3900 基站与 RNC 之间组网使用光纤连接，一个 RNC 可连接多个 DBS3900。DBS3900 支持灵活的组网方式，如星型、树型、链型等。

1. 星型组网

星型组网是最常用的组网方式，适用于人口稠密的地区，组网方式如图 2-43 所示。

星型组网方式优点：

■　NodeB 直接和 RNC 相连，组网方式简单，工程施工、维护和扩容都很方便；

■　NodeB 和 RNC 直接进行数据传输，信号经过的节点少，线路可靠性较高；

星型组网方式缺点：与其他组网方式相比，星型组网方式需要占用更多的传输资源。

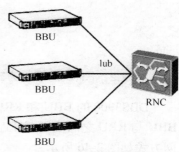

图 2-43　星型组网图

2. 链型组网

链型组网适用于呈带状分布、用户密度较小的特殊地区，如高速公路沿线、铁路沿线等，组网方式如图 2-44 所示。

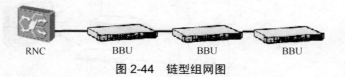

图 2-44　链型组网图

链型组网方式优点：可以降低传输设备成本、工程建设成本和传输链路租用成本。

链型组网方式缺点：

■　信号经过的环节较多，线路可靠性较差；

■　上级 NodeB 的故障可能会影响下级 NodeB 的正常运行；

■　链的级数不能超过 5 级。

3. 树型组网

树型组网适合于网络结构、站点分布和用户分布较复杂的情况，如用户分布面积广且热点集中的区域，组网方式如图 2-45 所示。

树型组网方式优点：树型组网传输线缆的损耗小于星型组网传输线缆的损耗。

树型组网方式缺点：

■　由于信号传输过程经过的节点多，导致线路可靠性低，工程施工和维护困难；

■　上级 NodeB 的故障可能会影响下级 NodeB 的正常运行；

WCDMA
基站系统原理与装调维护

■ 扩容不方便，可能会导致较大的网络改造；
■ 树的深度不能超过 5 层。

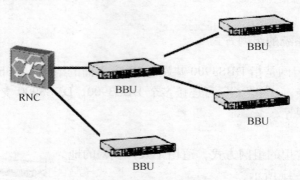

图 2-45　树型组网图

2.2.2　RRU 的组网方式

DBS3900 的 BBU 和 RRU 之间支持多种组网方式，包括星型、链型、环型等组网方式。BBU 与 RRU 之间使用光纤连接，一个 BBU 可连接多个 RRU。BBU 与 RRU 之间的典型组网方式如图 2-46 所示。

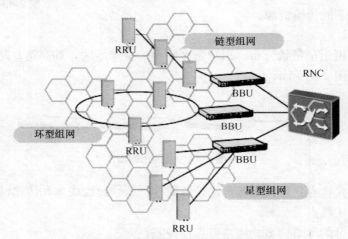

图 2-46　BBU 与 RRU 间的典型组网

2.2.3　任务与训练

任务书 1：DBS3900 的组网配置
任务书要求：

主题	BBU 与 RNC 的组网配置
任务详细描述	以某开发园区（由教师指定并提供资料）为例进行网络规划配置，并根据网络规划结果，给出开发园区内的 DBS3900 与 RNC 的组网配置

58

根据 BBU 与 RNC 的组网要求，完成上面任务书中任务描述 1 的组网配置，在表 2-40 中填写组网结构并画出该组网结构的逻辑结构图。

表 2-40　　　　　　　　　　　　　开发园区 BBU 组网结构

组网结构	逻辑结构图
优点	
缺点	

任务书 2：DBS3900 的组网配置

任务书要求：

主题	BBU 与 RNC 的组网配置
任务详细描述	以某开发园区（由教师指定并提供资料）为例进行网络规划配置，并根据网络规格结果，给出开发区外高速公路沿线的 DBS3900 与 RNC 的组网配置

根据 BBU 与 RNC 的组网要求，完成上面任务书中任务 2 的组网配置，在表 2-41 中填写组网结构并画出该组网结构的逻辑结构图。

表 2-41   高速公路 BBU 组网结构

组网结构	逻辑结构图
优点	
缺点	

2.2.4 考核评价

学习任务：_____   班级：_____

小组成员：_____

任务完成情况	任务 1 完成情况		任务 2 完成情况		备注
姓名	正确组网	组网特点描述	正确组网	组网特点描述	

教师评价：

第 3 章　NodeB 系统的设备安装

要点提示：
1. 基站设备线缆的装配
   - 装配电源电缆
   - 装配网线
   - 装配馈线
   - 装配 75Ω 同轴电缆
2. 基站设备硬件的安装
   - BBU 的安装
   - RRU 的安装
   - 天馈系统的安装

3.1　基站设备线缆的装配

3.1.1　装配电源电缆

1. 准备电源线和保护地线

根据单根电源线和保护地线的实际长度，在成卷电源线和保护地线上裁剪出相应的长度。

（1）确定电源线和保护地线的数量

单台机柜所需电源线和保护地线的数量是根据供电路数来确定的，如表 3-1 所示。

表 3-1　　　　单台机柜的电源线和保护地线数量与供电路数的对应关系表

供电路数	NEG 电源线（根）	RTN 接地线（根）	PGND 保护地线（根）
单路供电	1	1	1
双路供电	2	1 或 2	1
双二路供电	4	4	1
双三路供电	6	6	1

说明　　如果同一站点安装了 N 台机柜，则所需电源线和保护地线的数量是表 3-1 中所列数据的 N 倍。

（2）确定电源线和保护地线的长度

（3）裁剪电源线和保护地线

2．装配 OT 端子与电源电缆

OT 端子与电源电缆组件的物料组成如图 3-1 所示。

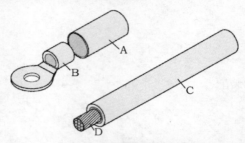

图 3-1　OT 端子和电源电缆组件的物料组成

【操作步骤】

① 根据电源电缆导体截面积的不同，将电源电缆的绝缘 "C" 剥去一段，露出长度为 "L1" 的电源电缆导体 "D"，如图 3-2 所示，"L1" 的推荐长度为 10～20mm。

② 将热缩套管 "A" 套入电源电缆中，如图 3-3 所示。

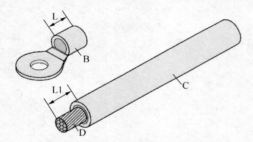

图 3-2　剥电源电缆（OT 端子）

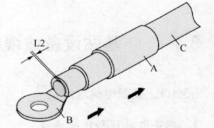

图 3-3　套热缩套管以及裸压接端子

③ 将 OT 端子 "B" 套入电源电缆剥出的导体中，并将 OT 端子紧靠电源电缆的绝缘 "C"，如图 3-3 所示。

④ 将热缩套管 "A" 往连接器体的方向推，并覆盖住裸压接端子与电源电缆导体的压接区，使用热风枪将热缩套管吹缩，完成裸压接端子与电源电缆的装配，如图 3-4 所示。

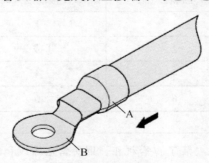

图 3-4　吹热缩套管（OT 端子）

3. 装配 JG 端子与电源电缆

JG 端子与电源电缆组件的物料组成如图 3-5 所示。

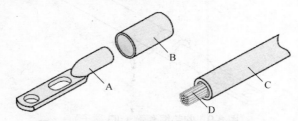

图 3-5　JG 端子和电源电缆组件的物料组成

【操作步骤】

① 根据电源电缆导体截面积的不同，将电源电缆的绝缘 "C" 剥去一段，露出长度为 "L" 的电源电缆导体 "D"，如图 3-6 所示，"L" 的推荐长度为 10～20mm。

② 将热缩套管 "B" 套入电源电缆中，如图 3-7 所示。

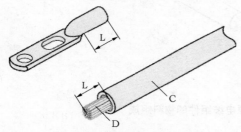

图 3-6　剥电源电缆（JG 端子）

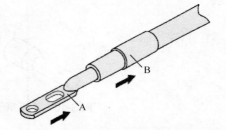

图 3-7　套热缩套管以及裸压接端子

③ 将裸压接端子 "A" 套入电源电缆剥出的导体中，并将裸压接端子靠紧电源电缆的绝缘，如图 3-7 所示。

④ 使用压接工具，将裸压接端子尾部与电源电缆导体的接触部分进行压接。如图 3-8 所示。

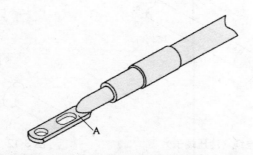

图 3-8　裸压接端子尾部与电源电缆导体接触部分压接（JG 端子）

⑤ 将热缩套管 "B" 往连接器体的方向推，并覆盖住裸压接端子与电源电缆导体的压接区，使用热风枪将热缩套管吹缩，完成裸压接端子与电源电缆的装配，如图 3-9 所示。

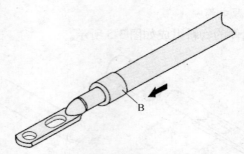

图 3-9　吹热缩套管（JG 端子）

4. 装配冷压端子与电源电缆

冷压端子与电源电缆组件的物料组成如图 3-10 所示。

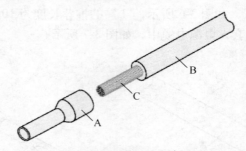

图 3-10　冷压端子和电源电缆组件的物料组成

【操作步骤】

① 根据电源电缆导体截面积的不同，将电源电缆的绝缘"B"剥去一段，露出长度为"L1"的电源电缆导体"C"，如图 3-11 所示，"L1"的推荐长度为 10～25mm。

② 将冷压端子"A"套入电源电缆剥出的导体中，并使电源电缆的导体与冷压端子的端面平齐，如图 3-12 所示。

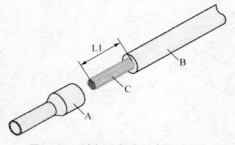

图 3-11　剥电源电缆（冷压端子）

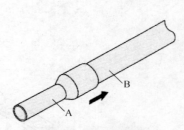

图 3-12　套冷压端子

③ 使用压接工具，选择合适的截面积，将冷压端子头部与电源电缆导体的接触部分进行压接。如图 3-13 所示。

④ 端子压接后，应对压接后的最大宽度进行检验。管状端子压接后的宽度应小于表 3-2 所规定的宽度。

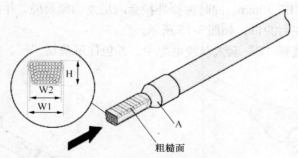

图 3-13 冷压端子与电源电缆压接

表 3-2 管状端子压接的最大宽度

管状端子截面积（mm²）	端子的最大压接宽度 W1（mm）
0.25	1
0.5	1
1.0	1.5
1.5	1.5
2.5	2.4
4	3.1
6	4
10	5.3
16	6
25	8.7
35	10

3.1.2 装配网线

1. 装配屏蔽型 RJ45 连接器与网线

介绍屏蔽型 RJ45 连接器的装配步骤，这里以直通网线为例。

【操作步骤】

① 将网线穿入连接器外护套 "A"，如图 3-14 所示。

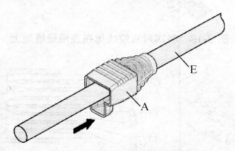

图 3-14 将网线穿入连接器外护套

② 剥去外护套"E"30mm，同时剪掉外护套内尼龙的撕裂绳，并在线缆的外护套"E"上划开一个约 5mm 左右的口，如图 3-15 所示。

③ 将连接器金属套"B"套入双绞电缆中，并包住屏蔽层"F"，如图 3-16 所示。

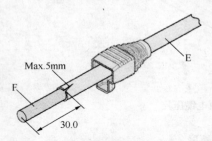

图 3-15　剥双绞电缆外护套（单位：mm）

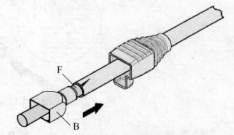

图 3-16　套连接器金属套

④ 将连接器金属套插入双绞电缆护套根部，并将屏蔽层连同铝箔，沿金属套边缘齐边剪掉，不允许留有多余铜丝，露出双绞线"G"，约 20mm，如图 3-17 所示。

⑤ 将双绞电缆中的四对不同颜色的双绞电缆按图示颜色穿入连接器线架"C"中，如图 3-18 所示。

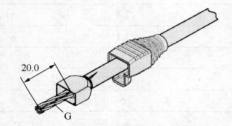

图 3-17　剥双绞电缆屏蔽层（单位：mm）

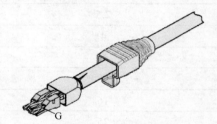

图 3-18　穿连接器线架

⑥ 将四对双绞线"G"按图示颜色排在连接器线架"C"上，如图 3-19 所示，芯线与水晶接头针脚的对应关系如图 3-20 所示。

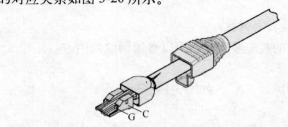

图 3-19　将四对双绞线排在连接器线架上

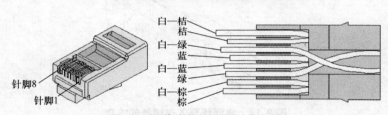

图 3-20　芯线与针脚的对应关系

⑦ 用剪钳将露出连接器线架 "C" 部分的线沿线架边缘剪齐。

⑧ 将连接器线架插入连接器体 "D"，并旋转金属屏蔽壳 90°，借金属壳顶压线架来协助插入，如图 3-21 所示。

⑨ 将连接器金属壳 "B" 往连接器体方向移动，将连接器体和连接器线架完全包住，然后使用压接工具，对连接器进行压接，如图 3-22 所示。

图 3-21　插入连接器体　　　　　　图 3-22　对连接器进行压接

⑩ 将连接器外护套 "A" 往连接器体方向移动，套住连接器金属外壳，即完成电缆组件一端的制作。如图 3-23 所示。

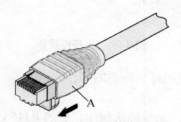

图 3-23　套连接器外护套

⑪ 重复①～⑩，完成电缆组件另一端的制作。

2. 装配非屏蔽型 RJ45 连接器与网线

介绍非屏蔽型 RJ45 连接器的装配步骤，这里以直通网线为例进行说明。

【操作步骤】

① 将双绞电缆按照图尺寸剥开，剥去外护套 16mm，如图 3-24 所示。

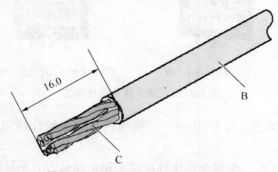

图 3-24　剥双绞电缆（单位：mm）

② 将剥开的双绞线按照图 3-25 所示的颜色顺序排列整齐，并将线的末端剪齐。

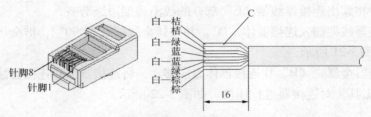

图 3-25　芯线与针脚的对应关系（单位：mm）

③ 将线芯排列好的线缆插入连接器插头，并使用压接工具，对连接器进行压接，如图 3-26 所示。

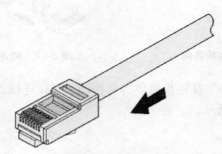

图 3-26　压接连接器

④ 重复①～③，完成电缆组件另一端的制作。

3. 检验金属触片外观

按要求检验金属触片外观，初步确认制作完成的 RJ45 连接器是否为合格品。

【操作步骤】

① 手持压接完成的水晶头连接器，正视端面，观察各金属接触片高度，理论指导尺寸要求为：6.02 ± 0.13mm。如现场无专业测试工具，可采用目测的方法直接同压接好的标准良品进行对照，如图 3-27 所示。

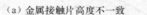

（a）金属接触片高度不一致　　　（b）金属接触片高度一致

图 3-27　观察金属接触片高度

② 手持水晶头连接器，倾斜约 45°，侧视各金属接触片顶边。不合格品如图 3-28 所示。

③ 手持水晶头连接器，观察金属接触片端面和正面是否有明显的异物、脏污或锈迹。如有，必须清除；如无法清除，需更换水晶头连接器重新制作，否则为不合格品，如图 3-29 所示。

68

图 3-28　金属接触片平行度及高度均不一致　　　图 3-29　金属接触片表面有明显异物

④ 手持水晶头连接器，观察金属接触片的端面、正面以及塑胶隔片是否有歪斜和缺损。如有，必须扶正；如无法扶正，需更换水晶头连接器重新制作，否则为不合格品，如图 3-30 所示。

⑤ 手持水晶头连接器，观察其端面是否可看到芯线截面。确保电缆芯线端部贴近水晶头线槽端面，金属接触片压接刀刃应超过芯线端部位置，且完全与线材芯线可靠压接。如不符合，需更换水晶头连接器重新制作，否则为不合格，如图 3-31 所示。

芯线未推到位

图 3-30　水晶头塑胶隔片明显歪斜　　　图 3-31　芯线未推到位，端面处看不到芯线截面

4. 测试网线的导通状态

检测制作完成的网线成品：其两端连接器各接触点是否正常导通，接触是否良好，以及接线关系是否正确。在这里以直通网线的测试为例。

交叉网线和直通网线的测试步骤相同，只是两端指示灯亮起的顺序不同，需参照交叉网线接线关系进行检测。

【操作步骤】

① 将制作完成的网线成品两端的水晶头连接器依次插入测试仪的 RJ45 母座端口。

② 确认已良好插入后，打开测试仪开关，开始测试。1-8-G 点的指示灯依次亮起，表明导通正常且接线关系正确。

③ 轻摇网线成品连接器端，重复②，确认网线连接器各金属接触片分别与芯线及母座网口的各接触点是否可靠接触，如图 3-32 所示。

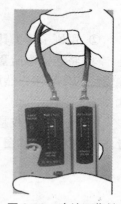

图 3-32　确认可靠性

说明

交叉网线指示灯亮起顺序如下：

主端为：1-8-G 点指示灯依次亮起，对应副端同时灯亮顺序为：3-6-1-4-5-2-7-8-G，则为合格。其他形式的指示灯亮起顺序，包括部分指示灯不亮的情况均为不合格。

3.1.3　装配馈线

1．装配直式母型 7/16 DIN 型同轴连接器与 7/8 英寸馈线

介绍直式母型 7/16 DIN 型同轴连接器与 7/8 英寸馈线的装配步骤。

7/16 DIN 型同轴连接器与 7/8 英寸馈线的物料组成如图 3-33 所示。

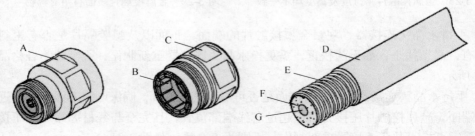

图 3-33　7/16 DIN 型同轴连接器与 7/8 英寸馈线

【操作步骤】

① 根据图 3-34 所示的尺寸，对馈线进行切割。

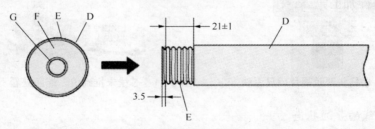

图 3-34　切割馈线（单位：mm）

② 用刷子等工具祛除馈线横截面上的杂质。

③ 将连接器后套"C"套入切割完成的馈线"D"中，直到后套中的弹簧卡圈"B"卡住馈线的外导体，然后将连接器后套"C"向端面移动，直到弹簧卡圈卡住馈线的外导体，如图 3-35 所示。

④ 使用刀片或是配套工具将馈线内导体和外导体之间的绝缘介质"F"压紧，并将外导体向外扩张，如图 3-36 所示。

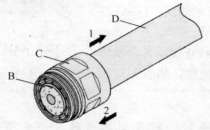

图 3-35　套连接器后套

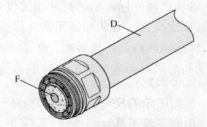

图 3-36　压紧绝缘介质与扩张外导体

⑤ 取连接器体"A"，将连接器的内导体"G"与馈线的内导体连接后，将连接器向后

推，使连接器与馈线可靠连接后，旋转连接器后套"C"使连接器后套与连接器体的螺纹连接。如图 3-37 所示。

⑥ 用扳手将连接器体与后套紧固在一起，推荐的紧固力矩为 30N·m，如图 3-38 所示。

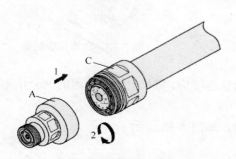

图 3-37　安装连接器体（7/8 英寸）

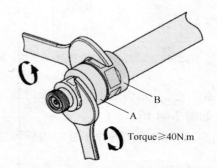

图 3-38　紧固连接器体与连接器后套

⑦ 紧固后即完成装配，如图 3-39 所示。

⑧ 电缆组件加工完成后，将电缆组件按照图 3-40 所示方法安装到设备上。

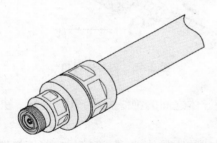

图 3-39　完成装配后的 7/16 DIN 型连接器

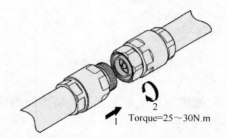

图 3-40　将电缆组件安装到设备上

2. 装配直式母型 7/16 DIN 型同轴连接器与 5/4 英寸馈线

7/16 DIN 型同轴连接器与 5/4 英寸馈线的物料组成如图 3-41 所示。

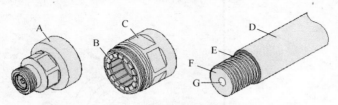

图 3-41　7/16 DIN 型同轴连接器与 5/4 英寸馈线

【操作步骤】

① 根据图示的尺寸，对馈线进行切割，如图 3-42 所示。

② 用刷子等工具祛除馈线横截面上的杂质，并保持清洁。

③ 将连接器后套"C"套入切割完成的馈线"D"中，然后将连接器后套"C"向端面移动，直到后套中的弹簧卡圈"B"卡住馈线的外导体，如图 3-43 所示。

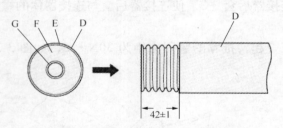

图 3-42　切割 5/4 英寸馈线（单位：mm）

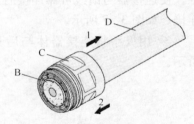

图 3-43　套连接器后套

④ 在工具箱中取出配套的螺母与连接器后套连接后，将长出螺母端面的部分用钢锯锯掉，如图 3-44 所示。

⑤ 使用内导体导角工具对内导体进行导角，如图 3-45 所示。

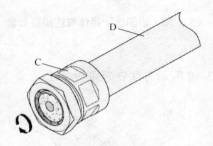

图 3-44　安装配套螺母

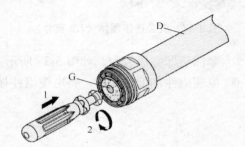

图 3-45　内导体导角

⑥ 使用刀片或是配套工具将馈线内导体和外导体之间的绝缘介质"F"压紧，并将外导体向外扩张，如图 3-46 所示。

⑦ 取连接器体"A"，将连接器的内导体与馈线的内导体"G"连接后，将连接器向后推，使连接器与馈线可靠连接后，旋转连接器后套"C"使连接器后套与连接器体的螺纹连接，如图 3-47 所示。

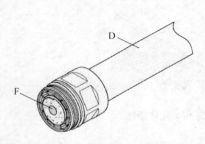

图 3-46　压紧绝缘介质与扩张外导体

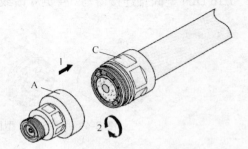

图 3-47　安装连接器体

⑧ 用扳手将连接器体与后套紧固在一起，推荐的紧固力矩为 40N·m，如图 3-48 所示。

⑨ 紧固后即完成装配，如图 3-49 所示。

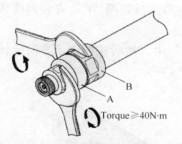

图 3-48　紧固连接器体与连接器后套

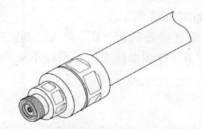

图 3-49　完成装配后的 7/16 DIN 型连接器

⑩ 电缆组件加工完成后，将电缆组件按照图示方法安装到设备上，如图 3-50 所示。

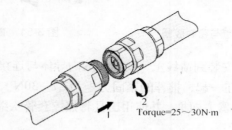

图 3-50　将电缆组件安装到设备上

3. 装配直式公型 7/16 DIN 型同轴连接器与 1/2 英寸馈线

7/16 DIN 型同轴连接器与 1/2 英寸馈线的物料组成如图 3-51 所示。

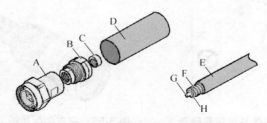

图 3-51　7/16 DIN 型同轴连接器与 1/2 英寸馈线

【操作步骤】

① 根据图示的尺寸，对馈线进行切割，如图 3-52 所示。

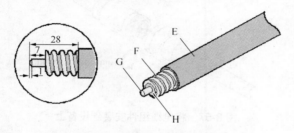

图 3-52　切割馈线（单位：mm）

② 用刷子等工具祛除馈线横截面上的杂质，并保持清洁。

③ 取连接器附带的热缩套管"D"套入馈线，再将密封胶圈"C"安装到馈线的外导体上，如图 3-53 所示。

④ 将连接器后套"B"套入切割完成的馈线"E"中，然后按照图示方向旋转将连接器后套"B"拧到馈线上，直到拧不动为止，如图 3-54 所示。

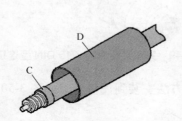

图 3-53　安装热缩套管与密封胶圈

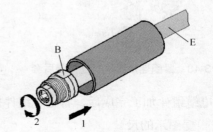

图 3-54　套连接器后套

⑤ 将连接器体"A"安装到馈线上，使馈线的内导体与连接器体的内导体连接，用扳手将连接器体与后套紧固在一起，推荐的紧固力矩为 27～30N·m，如图 3-55 所示。

⑥ 将热缩套管向连接器方向推，并使用工具将热缩套管吹缩，使热缩套管紧紧包覆连接器，如图 3-56 所示。

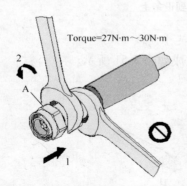

图 3-55　紧固连接器体与连接器后套

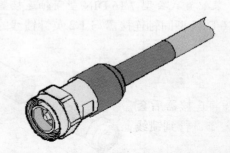

图 3-56　完成装配后的 7/16 DIN 型连接器

⑦ 电缆组件加工完成后，将电缆组件按照图示方法安装到设备上，如图 3-57 所示。

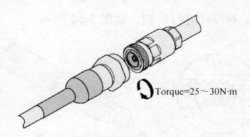

图 3-57　将电缆组件安装到设备上

4. 装配直式公型 N 型同轴连接器与 1/2 英寸馈线

N 型同轴连接器与 1/2 英寸馈线的物料组成如图 3-58 所示。

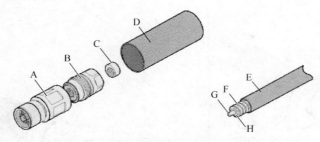

图 3-58　N 型同轴连接器与 1/2 英寸馈线

【操作步骤】

① 根据图示的尺寸，对馈线进行切割，如图 3-59 所示。

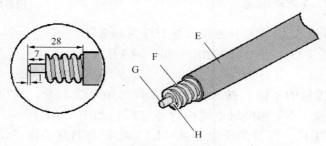

图 3-59　切割馈线（单位：mm）

② 用刷子等工具祛除馈线横截面上的杂质，并保持清洁。

③ 取连接器附带的热缩套管"D"套入馈线，再将密封胶圈"C"安装到馈线的外导体上，如图 3-60 所示。

④ 将连接器后套"B"套入切割完成的馈线"E"中，然后按照图示方向旋转将连接器后套"B"拧到馈线上，直到拧不动为止，如图 3-61 所示。

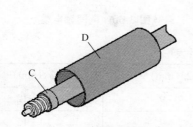

图 3-60　安装热缩套管与密封胶圈

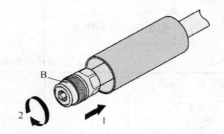

图 3-61　套连接器后套

⑤ 将连接器体"A"安装到馈线上，使馈线的内导体与连接器体的内导体连接，用扳手将连接器体与后套紧固在一起，推荐的紧固力矩为 27N·m～30N·m，如图 3-62 所示。

⑥ 将热缩套管向连接器方向推，并使用工具将热缩套管吹缩，使热缩套管紧紧包覆连接器，如图 3-63 所示。

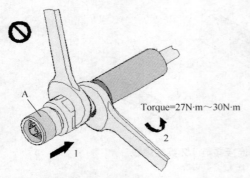

图 3-62 紧固连接器体与连接器后套

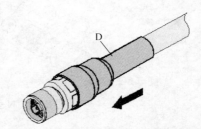

图 3-63 完成装配后的 N 型连接器

3.1.4 装配75Ω 同轴电缆

1. 装配直式母型 SMB 型同轴连接器与 75Ω 同轴电缆

直式 SMB 母插头与同轴电缆的的组件如图 3-64 所示。

【操作步骤】

① 根据同轴线材的不同，按照图示尺寸将同轴电缆剥开，露出同轴电缆外导体 "D"、同轴电缆绝缘 "E" 和同轴电缆内导体 "F"，如图 3-65 所示。其中常用电缆保留的外导体长度 "L1"、保留的绝缘长度 "L2" 和护套剥开长度 "L3" 的推荐长度如表 3-3 所示。

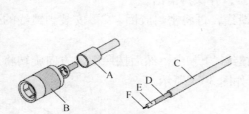

图 3-64 物料组成

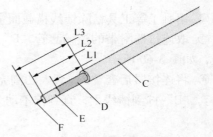

图 3-65 剥同轴电缆

表 3-3　　　　　　　　　　　　　　常用同轴电缆剥线尺寸表

线材外径（mm）	L1（mm）	L2（mm）	L3（mm）
2.2	5~6	7~9	10~12
3.9	5~6	7~9	10~12
6.7	5~6	7~9	10~12
3.2	5~6	7~9	10~12
4.4	5~6	7~9	10~12

② 将压接套筒 "A" 套入同轴电缆中，如图 3-66 所示。

③ 将同轴电缆的外导体 "D" 展开成 "喇叭" 形，如图 3-67 所示。

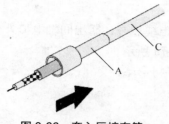

图 3-66　套入压接套筒

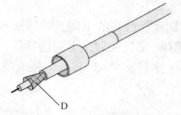

图 3-67　展开同轴电缆外导体

④ 将同轴电缆的绝缘和内导体部分插入同轴连接器插头"B"，同轴电缆的外导体部分包裹住同轴连接器的外导体，如图 3-68 所示。

⑤ 用焊接工具将同轴电缆的内导体"F"焊接到同轴连接器插头"B"的内导体上，如图 3-69 所示。

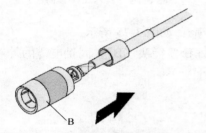

图 3-68　将连接器插头插入同轴电缆

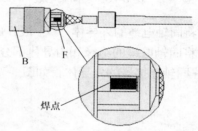

图 3-69　焊接内导体

⑥ 将压接套筒"A"往连接器方向推，压紧同轴电缆的外导体，用压接工具将压接套筒"A"与同轴连接器插头压接在一起，如图 3-70 所示。

⑦ 电缆组件加工完成后，将电缆组件按照图示方法安装到设备上，如图 3-71 所示。

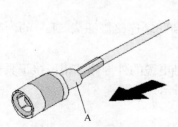

图 3-70　压接外导体

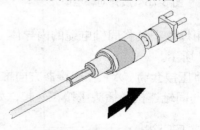

图 3-71　安装同轴电缆组件

2. 装配直式公型 SMB 型同轴连接器与 75Ω 同轴电缆

直式 SMB 公插头与同轴电缆的组件如图 3-72 所示。

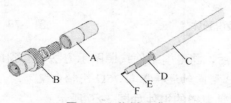

图 3-72　物料组成

77

【操作步骤】

① 根据同轴线材的不同，按照图示尺寸将同轴电缆剥开，露出同轴电缆外导体"D"、同轴电缆绝缘"E"和同轴电缆内导体"F"，如图 3-73 所示。

② 将压接套筒"A"套入同轴电缆中，如图 3-74 所示。

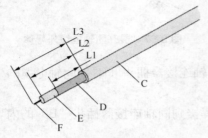

图 3-73 剥同轴电缆

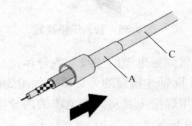

图 3-74 套入压接套筒

③ 将同轴电缆的外导体"D"展开成"喇叭"形，如图 3-75 所示。

④ 将同轴电缆的绝缘和内导体部分插入同轴连接器插头"B"，同轴电缆的外导体部分包裹住同轴连接器的外导体，如图 3-76 所示。

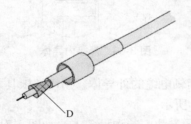

图 3-75 展开同轴电缆外导体

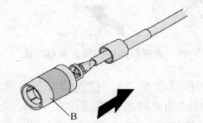

图 3-76 将连接器插头插入同轴电缆

⑤ 用焊接工具将同轴电缆的内导体"F"焊接到同轴连接器插头"B"的内导体上，如图 3-77 所示。

⑥ 将压接套筒"A"往连接器方向推，压紧同轴电缆的外导体，用压接工具将压接套筒"A"与同轴连接器插头压接在一起，如图 3-78 所示。

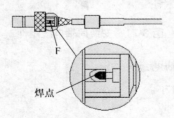

图 3-77 焊接内导体

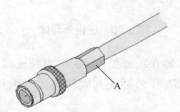

图 3-78 压接外导体

⑦ 电缆组件加工完成后，将电缆组件按照图示方法安装到设备上，如图 3-79 所示。

3. 装配弯式母型 SMB 型同轴连接器与 75Ω 同轴电缆

弯式 SMB 母插头与同轴电缆的组件如图 3-80 所示。

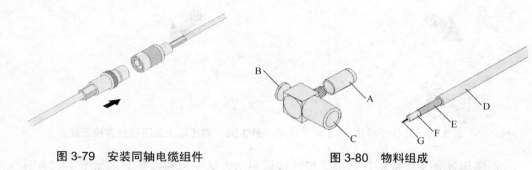

图 3-79　安装同轴电缆组件　　　　　　　图 3-80　物料组成

【操作步骤】

① 根据同轴线材的不同，按照图示尺寸将同轴电缆剥开，露出同轴电缆外导体"E"、同轴电缆绝缘"F"和同轴电缆内导体"G"，如图 3-81 所示。

② 将压接套筒"A"套入同轴电缆中，如图 3-82 所示。

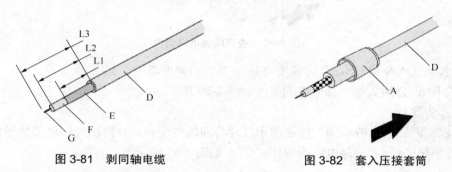

图 3-81　剥同轴电缆　　　　　　　　　　图 3-82　套入压接套筒

③ 将同轴电缆的绝缘和内导体部分插入同轴连接器插头"C"，同轴电缆的外导体部分"E"包覆住同轴连接器的外导体，如图 3-83 所示。

④ 用焊接工具将同轴电缆的内导体"G"焊接到同轴连接器插头"C"的内导体上，如图 3-84 所示。

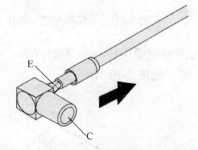
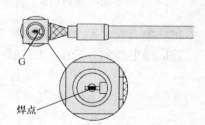

图 3-83　将连接器插头插入同轴电缆　　　　图 3-84　焊接内导体

⑤ 将压接套筒"A"往连接器方向推，压紧同轴电缆的外导体，用压接工具将压接套筒"A"与同轴连接器插头压接在一起，如图 3-85 所示。

⑥ 将压接上盖"B"压接到连接器插头"C"上，如图 3-86 所示。

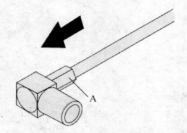

图 3-85　压接外导体

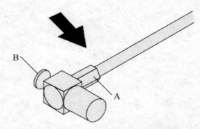

图 3-86　将压接上盖压接到连接器插头上

⑦ 电缆组件加工完成后，将电缆组件按照图示方法安装到设备上，如图 3-87 所示。

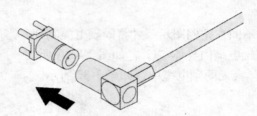

图 3-87　安装同轴电缆组件

4. 装配直式公型 BNC 型同轴连接器与 75Ω 同轴电缆

直式 BNC 公插头与同轴电缆的组件如图 3-88 所示。

【操作步骤】

① 根据同轴线材的不同，按照图示尺寸将同轴电缆剥开，露出同轴电缆外导体"E"、同轴电缆绝缘"F"和同轴电缆内导体"G"，如图 3-89 所示。

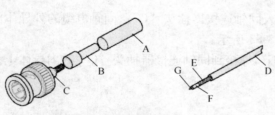

图 3-88　物料组成

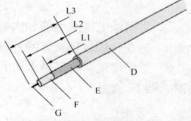

图 3-89　剥同轴电缆（单位：mm）

② 将热缩套管"A"、压接套筒"B"先后套入同轴电缆中，如图 3-90 所示。

③ 将同轴电缆的外导体"E"展开成"喇叭"形，如图 3-91 所示。

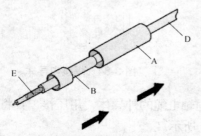

图 3-90　套入热缩套管和压接套筒

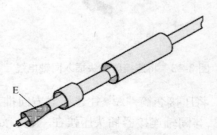

图 3-91　展开同轴电缆外导体

④ 将同轴电缆的绝缘和内导体部分插入同轴连接器插头 "C"，同轴电缆的外导体部分包覆住同轴连接器的外导体，如图 3-92 所示。

⑤ 用焊接工具将同轴电缆的内导体 "G" 焊接到同轴连接器插头 "C" 的内导体上，如图 3-93 所示。

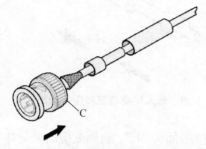

图 3-92 将连接器插头插入同轴电缆

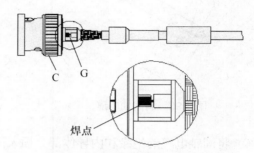

图 3-93 焊接内导体

⑥ 将压接套筒 "B" 往连接器方向推，压紧同轴电缆的外导体，用压接工具将压接套筒 "B" 与同轴连接器插头压接在一起，如图 3-94 所示。

⑦ 使用热风枪将热缩套管吹缩，使套管紧紧包覆住压接套筒，如图 3-95 所示。

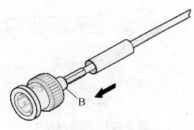

图 3-94 压接外导体

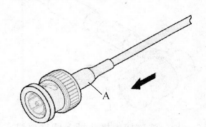

图 3-95 吹缩热缩套管

⑧ 电缆组件加工完成后，将电缆组件按照图示方法安装到设备上，如图 3-96 所示。

5. 装配弯式公型 BNC 型同轴连接器与 75Ω 同轴电缆

弯式 BNC 公插头与同轴电缆的组件如图 3-97 所示。

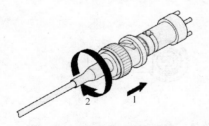

图 3-96 安装同轴电缆组件

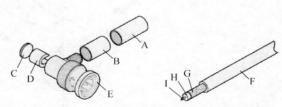

图 3-97 物料组成

【操作步骤】

① 根据同轴线材的不同，按照图示尺寸将同轴电缆剥开，露出同轴电缆外导体 "G"、同轴电缆绝缘 "H" 和同轴电缆内导体 "I"，如图 3-98 所示。

② 将热缩套管"A"和压接套筒"B"套入同轴电缆中，如图 3-99 所示。

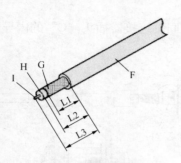

图 3-98　剥同轴电缆

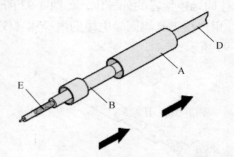

图 3-99　套入热缩套管和压接套筒

③ 将同轴电缆的绝缘和内导体部分插入同轴连接器插头"E"，同轴电缆的外导体部分"G"包覆住同轴连接器的外导体，如图 3-100 所示。

④ 用焊接工具将同轴电缆的内导体"I"焊接到同轴连接器插头"E"的内导体上，如图 3-101 所示。

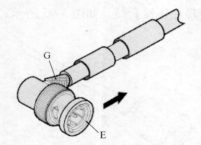

图 3-100　将连接器插头插入同轴电缆

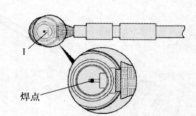

图 3-101　焊接内导体

⑤ 将连接器绝缘体"D"安装到连接器插头中，并将压接套筒"B"向连接器插头方向推，压紧同轴电缆的外导体，如图 3-102 所示。

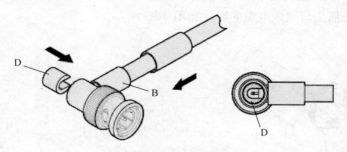

图 3-102　安装绝缘体

⑥ 用压接工具将压接套筒"B"与同轴连接器插头压接在一起，并将压接上盖"C"安装到连接器插头上，如图 3-103 所示。

⑦ 将热缩套管"A"吹缩在连接器插头上，如图 3-104 所示。

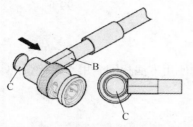

图 3-103　压接外导体和安装上盖

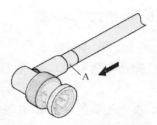

图 3-104　吹缩热缩套管

⑧ 电缆组件加工完成后，将电缆组件按照图示方法安装到设备上，如图 3-105 所示。

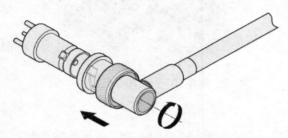

图 3-105　安装同轴电缆组件

6. 测试 75Ω 同轴电缆的导通状态

检测制作完成的 75Ω 同轴电缆成品：其两端连接器各接触点是否正常导通，接触是否良好，以及接线关系是否正确。

【操作步骤】

① 获取同轴电缆自带的接线关系表。

② 使用万用表，按照对应的接线关系测试同轴连接器内导体的导通性，如图 3-106 所示。

③ 使用万用表，按照对应的接线关系测试同轴连接器外导体的导通性。

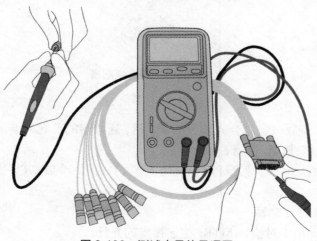

图 3-106　测试内导体导通图

3.1.5 使用光纤适配器

1. 使用 SC/PC 型适配器

SC/PC 型适配器有单口和双口两种，它们的使用方法相同，用于对接带 SC/PC 连接器的光纤。

SC/PC 型适配器的外形如图 3-107 所示。

图 3-107　SC/PC 适配器

【操作步骤】

① 将光纤用于接收（发送）光信号的 SC/PC 连接器的凸起对准适配器上的槽道，然后顺势插入，当听到"喀"声时，说明连接器已经完全插入，此时连接器无松动。

② 用同样的方法，将对端光纤用于发送（接收）光信号的 SC/PC 连接器连接到 SC/PC 适配器的另一侧。

2. 使用 FC/PC 型适配器

FC/PC 型适配器用于对接带 FC/PC 型连接器的光纤。

FC/PC 型适配器的外形如图 3-108 所示。

图 3-108　FC/PC 适配器

【操作步骤】

① 将光纤用于接收（发送）光信号的 FC/PC 连接器的凸起对准适配器上的槽道，顺势插入，然后拧紧 FC/PC 连接器。

② 用同样的方法，将对端光纤用于发送（接收）光信号的 FC/PC 连接器连接到 FC/PC 适配器的另一侧。

3. 使用 MTRJ 型适配器

MTRJ 型适配器用于对接带 MTRJ 型连接器的光纤。

MTRJ 型适配器的外形如图 3-109 所示。

图 3-109 MTRJ 适配器

【操作步骤】

① 将 MTRJ 连接器的凸起对准适配器上的槽道，顺势插入，当听到"嗒"声时，说明连接器已经完全插入，此时连接器无松动。

② 用同样的方法，将对端 MTRJ 连接器连接到 MTRJ 适配器的另一侧。

4. 使用 LC/PC 型适配器

LC/PC 型适配器用于对接带 LC/PC 型连接器的光纤。

LC/PC 型适配器的外形如图 3-110 所示。

图 3-110 LC/PC 适配器

【操作步骤】

① 将 LC/PC 连接器的凸起对准适配器上的槽道，顺势插入，当听到"嗒"声时，说明连接器已经完全插入，此时连接器无松动。

② 用同样的方法，将对端 LC/PC 连接器连接到 LC/PC 适配器另一侧。

3.1.6 任务与训练

任务书：线缆制作

任务书要求：

主题	制作网线
任务详细描述	制作屏蔽型 RJ45 连接器，要求分别制作直通网线和交叉网线各 1 条

3.1.7 考核评价

学习任务：_____ 班级：_____

小组成员：_____

姓名	任务完成情况		备注
	直通线的制作	交叉线的制作	

教师评价：

3.2　基站设备硬件的安装

3.2.1　BBU 的安装

1. 安装工具的准备

BBU 安装过程中可能用到的工具，如图 3-111 所示。

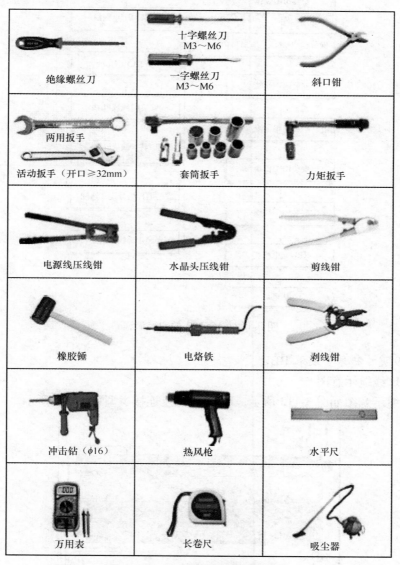

绝缘螺丝刀	十字螺丝刀 M3～M6 一字螺丝刀 M3～M6	斜口钳
两用扳手 活动扳手（开口≥32mm）	套筒扳手	力矩扳手
电源线压线钳	水晶头压线钳	剪线钳
橡胶锤	电烙铁	剥线钳
冲击钻（φ16）	热风枪	水平尺
万用表	长卷尺	吸尘器

图 3-111　NodeB 安装用到的工具

2. 安装流程图

BBU 的安装流程，如图 3-112 所示。

图 3-112　NodeB 的安装流程

3.　在 19 英寸机架中安装 BBU

（1）BBU 线缆示意图

BBU 线缆示意图如图 3-113 所示。BBU 线缆及连接类型如表 3-4 所示。

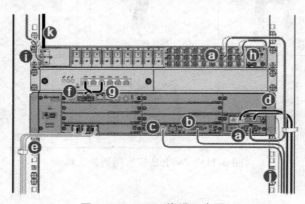

图 3-113　BBU 线缆示意图

表 3-4　　　　　　　　　　　　　　　　　BBU 线缆

线缆名称	连接器类型	连接至…
(a) BUU 电源线	OT 端子	DCDU 的 LOAD6
	3V3 电源连接器	BBU 的 PWR 接口
(b) E1/T1 线	根据现场情况制作	外部传输设备
	DB26 连接器	WMPT 单板的 E1/T1 接口
(c) FE/GE 网线（选配)	RJ45 连接器	外部传输设备
	RJ45 连接器	WMPT 单板的 FE0 接口
(d) 监控信号线	RJ45 连接器	外部传输设备
	RJ45 连接器	BBU 的 MON/ALM 接口
(e) CPRI 光纤	DLC 连接器	RRU 的 CPRI 接口
	DLC 连接器	BBU 的 CPRI 接口
(f) PPS 信号线	RJ45 连接器	WGRU 的 PPS 接口
	根据现场情况制作	USCU 的 RGPS 接口
(g) GPS 信号线	根据现场情况制作	WGRU 的 COM1 接口
	RJ45 连接器	USCU 的 RGPS 接口
(h) WGRU 电源线	OT 端子	DCDU 的 LOAD7-LOAD8
	两孔共用连接器	WGRU 背面板的 POWER 接口
(i) BBU 保护地线	OT 端子	外部电源设备
	OT 端子	DCDU 上 NEG(-)和 RTN(+)
(j) BBU 保护地线	OT 端子（6mm'-M4)	BBU 的接地端子
	OT 端子（6mm'-M8)	外部接地排
(k) 时钟信号线	SMA 公型连接器	GPS 天馈
	N 型母头连接器	WGRU 背面板的 ATN 接口

（2）安装的空间要求

　　DBBP530 在 19 英寸机柜上安装的空间要求：为使布线和操作维护更方便，DBBP530 在 19 英寸机柜内安装时，有严格的最小安装空间要求，并给出了推荐性的安装空间要求。DBBP530 在 19 英寸机柜内安装时，安装的空间要求如图 3-114 所示。

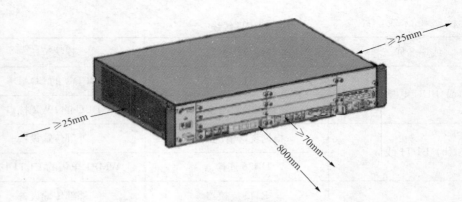

图 3-114　安装空间要求

（3）安装 BBU 盒体

将 BBU 盒体推进机柜内，并拧紧 4 个 M6 紧固螺钉，如图 3-115 所示。

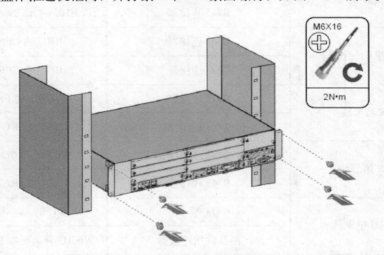

图 3-115　安装 BBU 盒体

（4）安装 BBU 线缆

① 安装接地线，如图 3-116 所示。

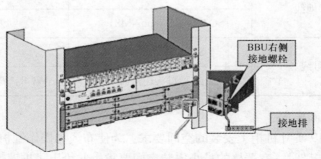

图 3-116　安装接地线

② 安装电源线，详情如图 3-117 所示。

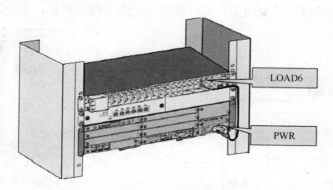

图 3-117　安装电源线

③ 安装监控/告警信号线，如图 3-118 所示。

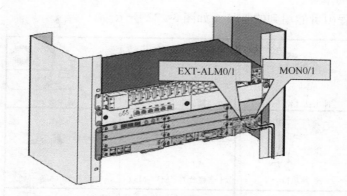

图 3-118　安装监控/告警信号线

④ 安装 CPRI 光纤和 E1/T1 线，如图 3-119 所示。

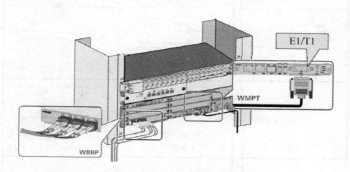

图 3-119　安装 CPRI 光纤和 E1/T1 线

- 先将光模块拉环折翻下来，将光模块插入 CPRI0～CPRI2 接口中。
- 将光模块的拉环折翻上去，如图 3-120 所示。

- 拔去光纤上的防尘帽。
- 将 CPRI 光纤插入光模块中，光纤沿机柜左侧布线出机柜，如图 3-121 所示。

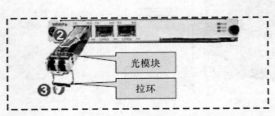

图 3-120　安装 CPRI 光纤

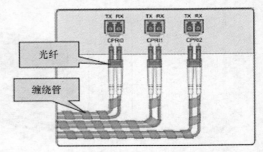

图 3-121　安装 E1/T1 线

3.2.2　RRU 的安装

1. 安装工具的准备

RRU 安装过程中可能用到的工具，如图 3-122 所示。

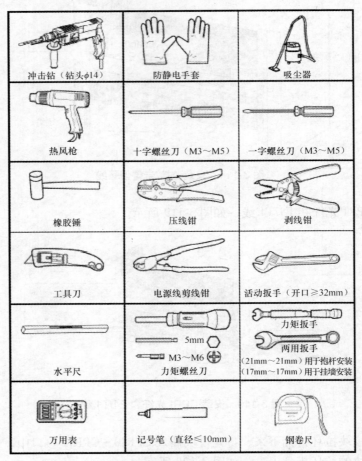

冲击钻（钻头φ14）	防静电手套	吸尘器
热风枪	十字螺丝刀（M3～M5）	一字螺丝刀（M3～M5）
橡胶锤	压线钳	剥线钳
工具刀	电源线剪线钳	活动扳手（开口≥32mm）
水平尺	力矩螺丝刀 5mm M3～M6	力矩扳手 两用扳手（21mm～21mm）用于抱杆安装（17mm～17mm）用于挂墙安装
万用表	记号笔（直径≤10mm）	钢卷尺

图 3-122　RRU 安装工具

2. 安装流程图

RRU 的安装流程，如图 3-123 所示。

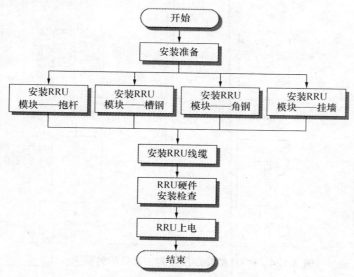

图 3-123　RRU 安装流程

3. 安装 RRU 模块——抱杆（单 RRU）

（1）尺寸和安装空间要求

RRU 的外形尺寸和安装空间的要求如下图 3-124 所示。

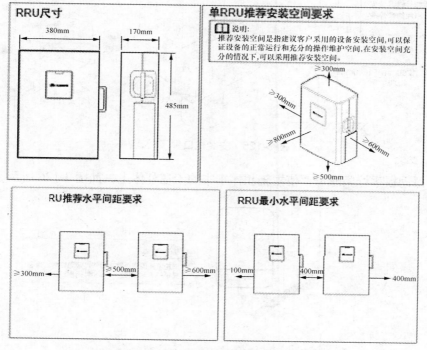

图 3-124　RRU 的外形尺寸和安装空间的要求

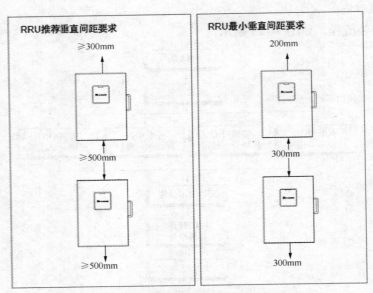

图 3-124　RRU 的外形尺寸和安装空间的要求（续）

（2）安装主扣件

- 安装主扣件时，先检查主扣件的弹片是否紧固好，如图 3-125 所示。

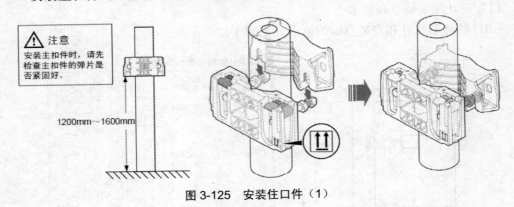

图 3-125　安装住口件（1）

- 用活动扳手拧紧螺母，使主辅扣件牢牢的卡在杆体上，如图 3-126 所示。

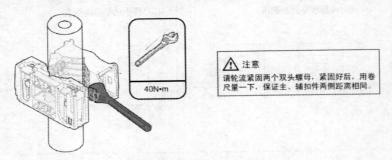

图 3-126　安装住口件（2）

（3）将 RRU 安装在主扣件上，如图 3-127 所示。

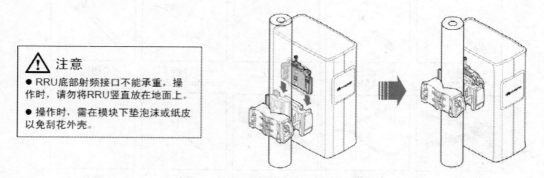

⚠ **注意**
● RRU底部射频接口不能承重，操作时，请勿将RRU竖直放在地面上。
● 操作时，需在模块下垫泡沫或纸皮以免刮花外壳。

图 3-127　把 RRU 安装在主扣件上

（4）RRU 线缆连接

RRU 线缆的连接关系和线缆连接步骤如图 3-128 所示。

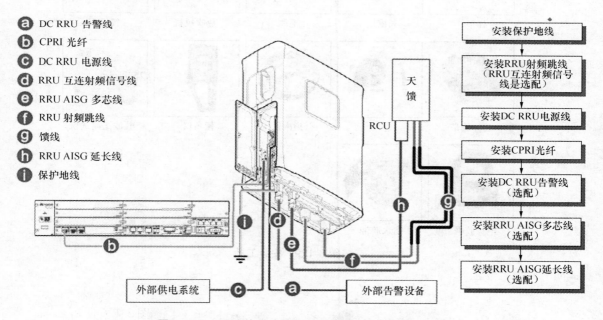

图 3-128　RRU 线缆连接关系和线缆连接步骤图

3.2.3　天馈系统的安装

1. 安装工具的准备

天馈安装过程中可能用到的工具，如图 3-129 所示。

2. 天馈系统的安装

（1）组装支架

组装支架包括组装上支架和组装下支架，如图 3-130 所示。

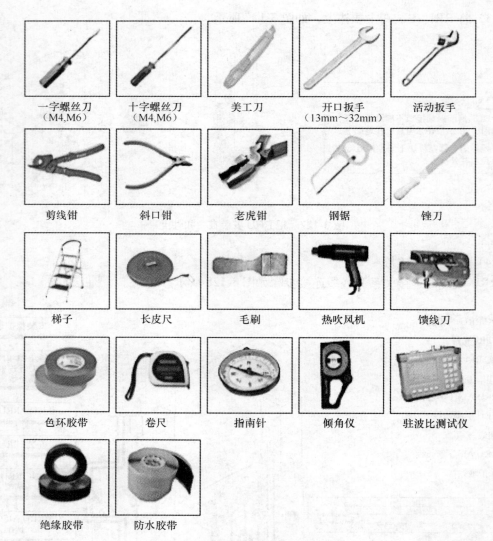

一字螺丝刀（M4,M6）	十字螺丝刀（M4,M6）	美工刀	开口扳手（13mm～32mm）	活动扳手
剪线钳	斜口钳	老虎钳	钢锯	锉刀
梯子	长皮尺	毛刷	热吹风机	馈线刀
色环胶带	卷尺	指南针	倾角仪	驻波比测试仪
绝缘胶带	防水胶带			

图 3-129　安装工具

（a）组装上支架　　　　　　　　　（b）组装下支架

图 3-130　组装支架

（2）安装支架至天线，如图 3-131 所示。

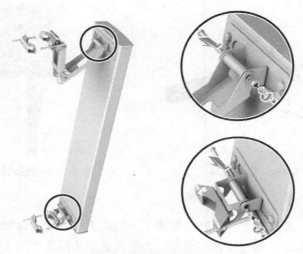

图 3-131　安装支架至天线

（3）制作馈线接头

① 裁剪馈线

准确测量馈线布放路径的长度后，可根据馈线上的长度标识确定裁剪的位置，如图 3-132 所示。

② 制作馈线接头

若基站主设备在室内，则只需在 1/2 英寸馈线的一端制作 DIN 公型接头，如图 3-133 所示。

图 3-132　裁剪馈线

图 3-133　制作馈线接头图

③ 粘贴色环

在馈线的两端距接头 200mm 处粘贴对应扇区的色环。缠绕色环应方向一致，每道缠绕 2～3 层，相邻两道色环间距为 10mm～15mm，如图 3-134 所示。

（4）连接馈线至天线

① 连接馈线至天线，如图 3-135 所示。

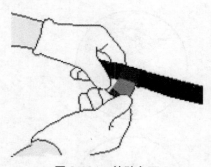

图 3-134　粘贴色环　　　　　　图 3-135　连接馈线至天线图

② 密封接头

- 缠绕胶带时，须保证上一层胶带覆盖下一层的 50% 以上，每缠一层都要拉紧压实。
- 缠绕防水胶带时，均匀拉伸防水胶带，使其宽度为原宽度的 1/2 后再缠绕。
- 防水胶带缠绕长度超出金属接头约 20mm，绝缘胶带缠绕长度超出防水胶带约 10mm，如图 3-136 所示。

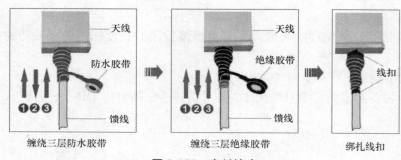

缠绕三层防水胶带　　　缠绕三层绝缘胶带　　　绑扎线扣

图 3-136　密封接头

（5）安装天线

① 安装天线至抱杆，如图 3-137 所示。

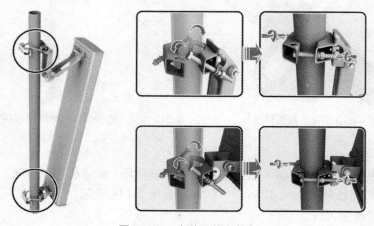

图 3-137　安装天线至抱杆

② 调整天线方位角

需楼下、楼顶人员配合完成。楼下人员在远离楼房 10m～20m 处使用指南针，楼顶人员左右扭动天线，直至方位角满足要求。调整完毕后，拧紧上下支架的螺母，如图 3-138 所示。

③ 调整天线下倾角

前后扭动天线，直至对准刻度盘上的相应刻度。调整完毕后，拧紧刻度盘上的螺母，如图 3-139 所示。

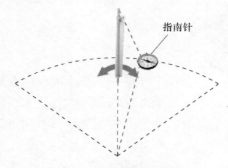

图 3-138　调整天线方位角

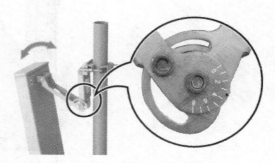

图 3-139　调整天线下倾角

（6）安装室外馈线

① 将馈线沿抱杆整齐布放，并用线扣绑扎固定，如图 3-140 所示。

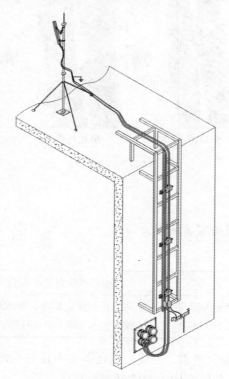

图 3-140　安装室外馈线

② 馈线固定夹的安装间距约 1.5m。

③ 馈线的固定应从上往下进行。一边理顺馈线，一边固定至馈线固定夹。

④ 若整个馈线的布放路径长度超过 15m，则需要在中间位置转接 7/8 英寸馈线。

（7）馈线接地

① 切割馈线外皮，馈线外皮的切割长度应与馈线接地夹的金属套长度相当，如图 3-141 所示。

图 3-141　切割馈线外皮

② 安装馈线接地夹，如图 3-142 所示。

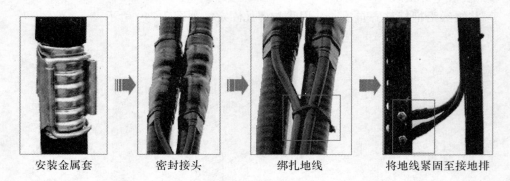

安装金属套　　　　密封接头　　　　绑扎地线　　　将地线紧固至接地排

图 3-142　安装地线

 3.2.4　任务与训练

任务书：DBS3900 的设备安装流程

任务书要求：

主题	DBS3900 的设备安装流程
任务详细描述	请简述 DBS3900 的安装流程和注意事项，要求结合图表进行描述 要求 DBS3900 安装流程中包含 BBU 和 RRU 的安装流程

根据 DBS3900 基站的安装要求，完成上面任务书中任务描述的安装流程，在表 3-5 中具体填写设备的安装步骤，并结合图表对安装进行描述。

表 3-5　　　　　　　　　　　　　BBU3900 的设备安装

安装要求	安装描述
BBU3900 的安装流程	结合图表描述
RRU3908 的安装流程	结合图表描述

3.2.5　考核评价

学习任务：＿＿＿＿＿＿＿＿＿＿　　班级：＿＿＿＿＿＿＿＿＿＿＿

小组成员：＿＿＿＿＿＿＿＿＿＿

姓名	任务完成情况		备注
	BBU 安装流程	RRU 安装流程	

教师评价：

第 4 章 NodeB 设备调测

要点提示：

1．NodeB 维护终端
2．NodeB MML 命令执行
3．NodeB 的开通调测
4．调试 NodeB 设备
5．管理 NodeB 实时特性监测

4.1 NodeB 维护终端

4.1.1 本地维护终端 LMT 简介

NodeB LMT（Local Maintenance Terminal）是 NodeB 本地维护的主要工具，主要用于 NodeB 调测、日常维护、故障排除等。

NodeB LMT 具有以下功能：

■ 提供图形用户界面；

■ 实现告警管理、文件管理、设备管理、消息跟踪管理、实时状态监测等功能；

■ 提供丰富的 MML（Man Machine Language）命令，可对系统进行全面的配置和维护。

1．NodeB LMT 软件组成

NodeB 的本地维护终端与 NodeB 通过局域网（或者广域网）进行通信。通过 LMT，可以对 NodeB 进行操作维护。LMT 应用软件由以下三部分组成：本地维护终端、跟踪回顾工具和监控回顾工具。

（1）NodeB LMT 本地维护终端

"本地维护终端"是 LMT 软件的一个子系统，它采用图形用户界面，实现故障管理、文件管理、设备管理、消息跟踪管理、实时状态监测等功能。此外，它还提供了丰富的 MML（Man Machine Language）命令对系统进行全面的配置和维护。使用"本地维护终端"进行在线操作维护时，需要 LMT 与 NodeB 建立正常的通信。"本地维护终端"界面如图 4-1 所示。

"本地维护终端"的界面说明：

① 菜单栏：提供系统的菜单操作。

② 工具栏：提供系统的快捷图标操作。

③ 导航树窗口：以树形结构的方式提供各类操作对象，包括"维护"、"MML 命令"

页签。

④ 对象窗口：进行操作的窗口，提供了操作对象的详细信息。如果使用"MML 命令"进行操作维护，则该区域显示 MML 命令行客户端。

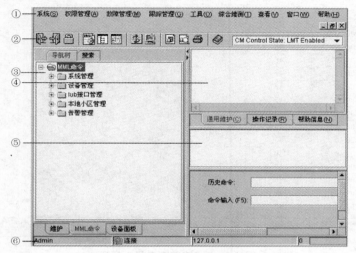

图 4-1 "本地维护终端"界面

⑤ 输出窗口：记录当前操作及系统反馈的详细信息，包含"公共"、"维护"页签。

⑥ 状态栏：显示当前登录的用户名、连接状态、IP 地址等信息。

（2）NodeB LMT 跟踪回顾工具

"跟踪回顾工具"是离线工具。使用"跟踪回顾工具"可以对保存为 tmf 格式的跟踪消息文件进行浏览和回顾。选择"开始 > 所有程序 > NodeB 本地维护终端 > 跟踪回顾工具"，打开"跟踪回顾工具"界面，如图 4-2 所示。

图 4-2 "跟踪回顾工具"界面

（3）NodeB LMT 监控回顾工具

"监控回顾工具"是离线工具。使用"监控回顾工具"可以对保存为 mrf 格式的监控

CPU 占用率文件进行浏览和回顾。选择"开始 > 所有程序 > NodeB 本地维护终端 > 监控回顾工具",打开"监控回顾工具"界面,如图 4-3 所示。

任务编号 采集时间	1-0	2-0
00:00:00	50	
00:00:05	45	
00:00:10	45	
00:00:15	47	
00:00:20	47	
00:00:25	42	
00:00:30	42	
00:00:35	43	
00:00:40	43	
00:00:45	48	
00:00:50	48	
00:00:55	45	
00:01:00	45	
00:01:05	46	

任务编号	机框号	槽位号	CPU/DSP名	占用率%	显示线条	线条颜色	线条类型	线条宽度
1-0	0	10	主CPU	50	☑			

图 4-3 "监控回顾工具"界面

2. NodeB LMT 的配置要求

安装 LMT 软件的 PC 机必须满足以下硬件和软件配置要求。

(1)硬件配置要求(见表 4-1)

表 4-1 　　　　　　　　　　LMT 计算机硬件配置要求

配置项	数量	推荐配置	最低配置
CPU	1	2.8GHz 或以上	866MHz
RAM	1	512MB	256MB
硬盘	1	80GB	10GB
显卡分辨率	—	1024×768 或更高分辨率	800×600
光驱	1	—	—
网卡	1	10/100Mbit/s	10/100Mbit/s
其他设备	1	键盘、鼠标、Modem、声卡、音箱	—

(2)软件配置要求(见表 4-2)

表 4-2 　　　　　　　　　　LMT 计算机软件配置要求

配置项	推荐配置
操作系统	中文 Microsoft Windows XP Professional
操作系统默认语言	中文(简体)
Web 浏览器	Microsoft Internet Explorer 5.5 或以上

4.1.2　NodeB LMT 应用程序的安装

通过运行安装程序，可将 LMT 应用程序安装到 LMT 计算机上。

安装应用程序前，需要满足以下条件：

（1）获得由华为公司提供的安装光盘及安装说明；

（2）获得合法的 LMT 软件 CD KEY；

（3）需要以管理员权限登录操作系统。

NdeB LMT 应用程序的安装步骤简述如下：

步骤 1：将 LMT 软件安装光盘放入光驱，打开安装盘的文件目录，双击"setup.vbs"安装文件。

步骤 2：弹出如图 4-4 所示对话框，选择安装程序的语言。

步骤 3：单击"确定"，弹出如图 4-5 所示对话框。

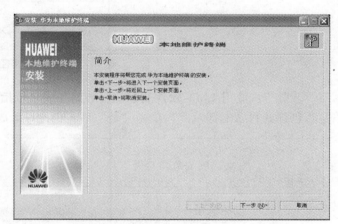

图 4-4　"选择安装程序的语言"对话框　　　　图 4-5　安装过程简介

步骤 4：阅读简介，单击"下一步"，弹出如图 4-6 所示对话框。

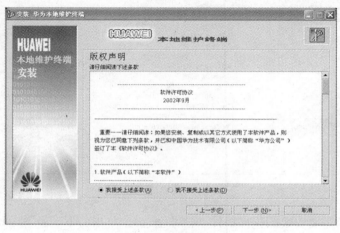

图 4-6　版权声明

步骤5：阅读版权声明，同意后，选择"我接受上述条款"。

步骤6：单击"下一步"，弹出如图4-7所示对话框。

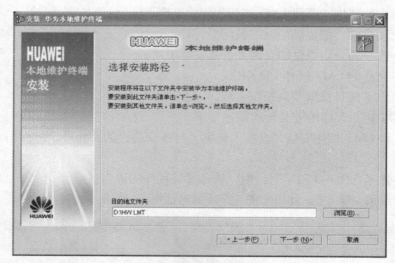

图4-7　选择安装路径

步骤7：使用 LMT 软件的默认安装路径或自行指定安装路径，单击"下一步"。弹出是否创建此目录的提示框，单击"是"后，创建目录成功。如图4-8所示。

注意　　　默认的安装路径是"D:\HW LMT"。

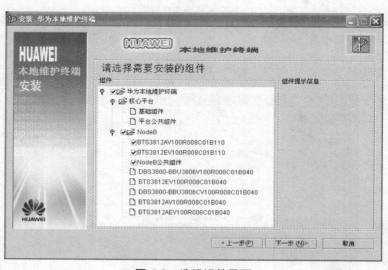

图4-8　选择组件界面

步骤8：选择需要安装的程序组件（推荐全选），单击"下一步"，弹出"CD KEY"输入界面，如图4-9所示。

图 4-9　请输入 CD KEY

步骤 9：输入正确的 CD KEY，单击"下一步"，弹出"安装信息确认"对话框，如图 4-10 所示。

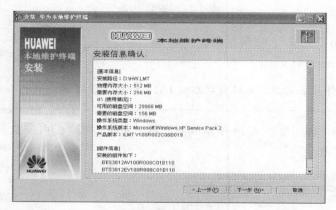

图 4-10　安装信息确认

步骤 10：确认对话框中的安装信息，单击"下一步"，弹出文件复制进度窗口，显示安装进度、正在安装的文件类型以及文件安装相对路径，如图 4-11 所示。

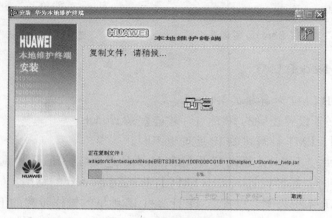

图 4-11　复制文件界面

步骤 11：文件复制结束后，弹出初始化组件的进度窗口。

步骤 12：所有程序安装完毕后，弹出安装完毕界面，如图 4-12 所示。

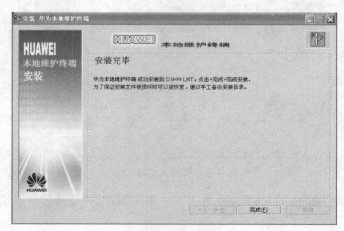

图 4-12　安装完毕

步骤 13：单击"完成"，安装结束。

　软件安装完毕，系统自动启动 LMT Service 管理器，如图 4-13 所示。

软件安装完毕，弹出如图 4-14 所示的对话框。如要立即启动 LMT，单击"确定"；如稍后启动，单击"取消"。

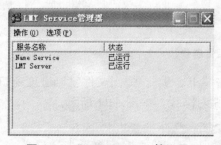

图 4-13　"LMT Service 管理器"

图 4-14　"确认"对话框

4.1.3　运行 NodeB LMT

1. 设置 NodeB LMT 计算机的 IP 地址

LMT 计算机必须设置正确的 IP 地址，才能登录 NodeB。

维护方式不同，LMT 计算机的 IP 地址也不同。

■　近端维护时，LMT 计算机 IP 地址和 NodeB 近端维护通道 IP 地址在同一网段。

■　远端维护时，需要设置 NodeB LMT 计算机到 NodeB 的路由。

以 Windows XP 系统为例，设置 LMT 计算机 IP 地址的操作步骤如下：

步骤 1：在 Windows XP 系统中，选择菜单"开始 > 控制面板"。

步骤 2：选择"网络连接"，在弹出的界面中，右键单击图标"本地连接"。

步骤 3：在快捷菜单中选择"属性"，弹出"本地连接属性"对话框。

步骤 4：选中"Internet 协议（TCP/IP）"。

步骤 5：单击"属性"，弹出"Internet 协议（TCP/IP）属性"界面。

步骤 6：选中"使用下面的 IP 地址"。

步骤 7：输入正确的 IP 地址、子网掩码及默认网关。

■　LMT 计算机用于近端维护，参照表 4-3，设置 LMT 计算机的 IP 地址、子网掩码、默认网关。

表 4-3　　　　　LMT 计算机用于 NodeB 近端调测时的 IP 参数设置表

参数	说明
IP 地址	LMT 计算机的 IP 地址与 NodeB 近端维护通道 IP 地址在同一网段 近端维护时，NodeB 默认的 IP 地址为：17.21.2.15
子网掩码	LMT 计算机的子网掩码和 NodeB 端维护通道的子网掩码一样
默认网关	—

■　LMT 计算机用于远端维护，参照表 4-4，设置 LMT 计算机的 IP 地址、子网掩码、默认网关。

表 4-4　　　　　LMT 计算机用于 NodeB 远端调测时的 IP 参数设置表

参数	说明
IP 地址	LMT 计算机的 IP 与 RNC BAM 的外网 IP 属于同一网段
子网掩码	LMT 计算机的子网掩码和 RNC BAM 外网的子网掩码一样
默认网关	BAM 外网 IP 地址是 LMT 计算机到 NodeB 的网关

步骤 8：单击"确定"，完成设置。

2. 在近端连接 NodeB LMT 计算机和 NodeB

LMT 用于 NodeB 近端维护时，LMT 计算机通过网线与 BBU3900 相连接，以便 LMT 能对 NodeB 进行操作维护。

在近端连接 NodeB LMT 和 NodeB 的操作步骤如下：

步骤 1：连接 LMT 计算机和 NodeB。

使用交叉网线将 LMT 计算机的网口与 BBU3900 的 WMPT 单板的 ETH 接口相连，如图 4-15 所示。

步骤 2：在 LMT 计算机中选择菜单"开始 > 运行"，在"运行"对话框中执行 cmd，系统打开命令窗口。

步骤 3：在命令窗口中执行 ping target_name -t，验证计算机与 NodeB 网络连接情况。其中，target_name 是 NodeB 近端维护通道的 IP 地址。

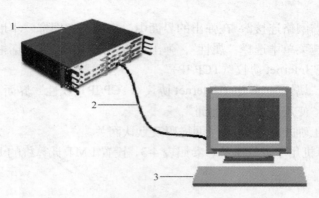

1. BBU3900　2. 交叉网线　3. LMT计算机

图 4-15　近端维护方式下 LMT 计算机与 BBU3900 连接

3. 在远端连接 NodeB LMT 计算机和 NodeB

LMT 用于 NodeB 远端维护时，又可分为两种情况：

■　在远端连接 NodeB LMT 计算机和 NodeB（通过 RNC BAM）。

■　在远端连接 NodeB LMT 计算机和 NodeB（通过 M2000）。

（1）在远端连接 NodeB LMT 计算机和 NodeB（通过 RNC BAM）

LMT 需要接入 RAN O&M intranet（RNC 的 BAM 外网），以便 LMT 计算机能对 NodeB 进行操作维护。

【操作步骤】

步骤 1：使用直通网线将 LMT 计算机的网口与 RAN O&M Intranet（RNC 的 BAM 外网）的某个网口相连。

步骤 2：在 LMT 计算机中选择菜单"开始 > 运行"，在"运行"对话框中执行 cmd，系统打开命令窗口。

步骤 3：在命令窗口中执行 ping target_name -t，验证计算机与通信网关的网络连接情况。其中，target_name 是 RNC BAM 的外网 IP 地址。

（2）在远端连接 NodeB LMT 计算机和 NodeB（通过 M2000）

LMT 用于 NodeB 远端维护时，LMT 可以通过 M2000 服务器与 RAN 连接，以实现 LMT 计算机对 NodeB 的操作维护。

【操作步骤】

步骤 1：使用直通网线将 LMT 计算机的网口、M2000 服务器的网口、RAN OM Intranet（RNC 的 BAM 外网）的某个网口，通过 LAN Switch 相连。

步骤 2：在 LMT 计算机中选择菜单"开始 > 运行"，在"运行"对话框中执行 cmd，系统打开命令窗口。

步骤 3：在命令窗口中执行 ping target_name -t，验证计算机与通信网关的网络连接情况。其中，target_name 是 M2000 服务器的 IP 地址。

4. 通过 NodeB LMT 近端登录 NodeB

【操作步骤】

步骤 1：选择"开始 > 所有程序 > 华为本地维护终端 > 本地维护终端"。如果已经启动了本地维护终端，则选择"系统 > 注销"，或单击弹出"用户登录"对话框，如图 4-16 所示。

图 4-16　"用户登录"对话框

　　　　　　输入 NodeB 的用户名，默认为 admin，字母区分大小写；输入 NodeB 的密码，由 6～16 个字符组成，只能由数字和字母组成，字母区分大小写（默认为 NodeB）；选择 LMT 所连接的 NodeB 名称和 IP 地址（LMT 近端登录 NodeB，局向 IP 地址为 NodeB 近端维护通道的 IP 地址）。

步骤 2：在"局向"中设置"IP 地址"和"局向名"。

步骤 3：在对话框中输入相应的用户名和密码。

步骤 4：单击"登录"，登录 NodeB。

4.1.4　NodeB MML 命令执行

1. MML 命令功能与格式

（1）MML 命令功能

NodeB 的 MML 命令用于实现整个 NodeB 的操作维护功能，包括：

■　系统管理

■　设备管理

■　Iub 接口管理

■　本地小区管理

■　告警管理

（2）MML 命令格式

MML 命令的格式为：命令字:参数名称=参数值；

　　其中，命令字是必须的，但参数名称和参数值不是必须的，根据具体 MML 命令而定。例如：SET ALMSHLD：AID=10015，SHLDFLG=UNSHIELDED；为包含命令字和参数的 MML 命令；而 LST VER；为仅包含命令字的 MML 命令。

（3）MML 命令操作类型

MML 命令采用"动作+对象"的格式，主要的操作类型如表 4-5 所示。

表 4-5　　　　　　　　　　　　MML 命令主要的操作类型

ACT	激活	RMV	删除
ADD	增加	RST	复位
BKP	备份	SET	设置
BLK	闭塞	STP	停止（关闭）
DLD	下载	STR	启动（打开）
DSP	查询动态信息	UBL	解闭塞
LST	查询静态数据	ULD	上载
MOD	修改	SCN	扫描
		CLB	校准

2. NodeB MML 命令的执行

（1）执行单条 NodeB MML 命令

在"本地维护终端"界面，将"查看 > 命令行窗口"设置为选中状态，显示 MML 命令行客户端界面，如图 4-17 所示。

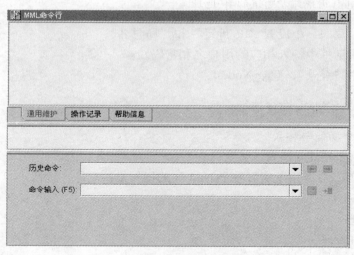

图 4-17　MML 命令行客户端界面

命令执行方法为：

■　在"命令输入"框输入 MML 命令

① 在"命令输入"框输入一条命令。

② 按"ENTER"或单击🖰，命令参数区域将显示该命令包含的参数。

③ 在命令参数区域输入参数值。

④ 按"F9"或单击➔目，执行该命令。"通用维护"显示窗口返回执行结果。

■　在"历史命令"框选择 MML 命令

① 在"历史命令"下拉列表框中选择一条历史命令，或按"F7"、"F8"选择前一条或

后一条历史命令。命令参数区域将同时显示该命令的所有参数设置。

　② 在命令参数区域修改参数值。

　③ 按"F9"或单击，执行该命令。"通用维护"显示窗口返回执行结果。

　■　在"命令输入"区域粘贴 MML 命令脚本

　① 把带有完整参数取值的 MML 命令脚本粘贴在"命令输入"区域。

　② 按"F9"或单击，执行该命令。"通用维护"显示窗口返回执行结果。

　■　在"MML 命令"导航树上选择 MML 命令

　① 双击"MML 命令"导航树窗口中某条 MML 命令。

　② 在命令参数区域输入参数值。

　③ 按"F9"或单击，执行该命令。"通用维护"显示窗口返回执行结果。

（2）批执行 NodeB MML 命令

批执行 MML 命令，是指当编排好一系列命令来完成某个独立的功能或某个操作时，可以用批处理的方式一次执行多条命令。批命令处理文件（也称数据脚本文件）是一种纯文本文件（*.txt 类型）。将一些常用任务的操作命令或者完成特定任务的一组命令用文本形式保存，以后运行时无须再手工输入一条条命令，直接执行该文本文件即可。使用以下三种方法，可生成批命令处理文件：

　① 直接使用文本编辑工具进行编辑，按照一条命令一行的方式书写保存。

　② 直接将 MML 命令行客户端"操作记录"页面中的信息拷贝至文本文件中进行保存。

　③ 在"本地维护终端"界面，选择"系统 > 保存输入命令"，保存使用过的命令。

批执行 MML 命令有两种方法：

　■　定时执行批处理命令。

　■　立即执行批处理命令。

（3）立即批处理

　① 在"本地维护终端"界面，选择"系统 > 批处理"菜单项，或使用快捷键"Ctrl+E"，弹出"MML 批处理"对话框，如图 4-18 所示。

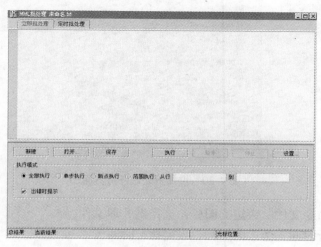

图 4-18　MML 立即批处理对话框

② 选择"立即批处理"页签,单击"新建",在输入框内输入批处理命令,或单击"打开",选择预先编辑好的批处理文件。

③ 设置执行参数,单击"执行"。

(4)定时批处理

① 在"本地维护终端"界面,选择"系统 > 批处理",或使用快捷键"Ctrl+E",弹出"MML 批处理"对话框,如图 4-19 所示。

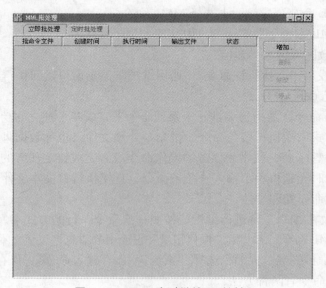

图 4-19 MML 定时批处理对话框

② 选择"定时批处理"页签。

③ 单击"增加",弹出"增加批处理任务"对话框,如图 4-20 所示。

图 4-20 增加批处理任务界面

④ 单击"批命令文件"旁边的图标,选择批处理文件。

⑤ 单击"执行时间"旁边的图标,设定执行时间。

⑥ 单击"确定"。

4.1.5　任务与训练

任务书 1：NodeB LMT 的运行

任务书要求：

主题	NodeB 的运行
任务详细描述	1．举例说明 NodeB LMT 运行的方法和步骤 2．画图描述设备的连接关系和网络 IP 配置

任务书 2：MML 命令的执行

任务书要求：

主题	MML 命令的执行
任务详细描述	1．在 LMT-B 上执行 MML 命令查询系统信息 2．编写批命令用于查询系统信息 3．在 LMT-B 上运行上述批命令

4.1.6　考核评价

学习任务：＿＿＿＿＿＿＿＿＿＿＿＿　　班级：＿＿＿＿＿＿＿＿＿＿＿＿

小组成员：＿＿＿＿＿＿＿＿＿＿＿＿

姓名	项目完成情况				
	举例说明 NodeB LMT 运行的方法和步骤（20）	画图描述设备的连接关系和网络 IP 配置（20）	在 LMT-B 上执行 MML 命令查询系统信息（20）	编写批命令用于查询系统信息（20）	在 LMT-B 上运行批命令（20）

教师评价：

4.2 NodeB 的开通调测

采用近端 LMT 调测方式对 NodeB 进行调测时,可通过 NodeB LMT 升级软件,下载数据配置文件,检查 NodeB 运行状态。在基站近端,可通过 LMT 为 NodeB 升级软件和下载数据配置文件,并检查 NodeB 的运行状态。

调测 NodeB 前,NodeB、RNC 及其他相关设备应已满足以下要求:

■ NodeB 硬件设备(如机柜、线缆、天馈、附属设备等)已完成安装,并通过安装检查;NodeB 已上电,并通过上电检查。

■ RNC 硬件设备已完成安装、调测,系统运行正常;已增加了待调测 NodeB 的协商数据,并已记录。

4.2.1 调测流程

NodeB 的开通调测应按照标准的调测流程进行,调测流程图如图 4-21 所示。

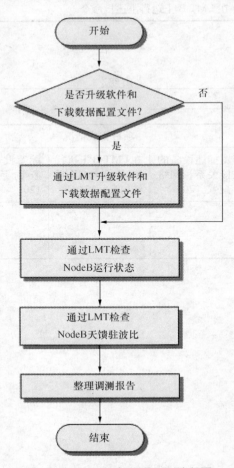

图 4-21 NodeB 的开通调测流程图

调测的操作步骤如下：

步骤 1：判断是否需要升级软件。若需要则转步骤 2，否则直接转步骤 3。

步骤 2：通过 LMT 为 NodeB 升级软件和下载数据配置文件。

步骤 3：检查 NodeB 运行状态。

步骤 4：通过 LMT 检测 NodeB 天馈驻波比。

步骤 5：整理调测报告，将调测过程及调测过程中的问题记录在 NodeB 调测记录表中。

4.2.2　调测操作步骤

1. 升级 NodeB 软件和下载数据配置文件

通过 LMT 下载 NodeB 软件和数据配置文件，并激活基站，NodeB 自动复位，软件和配置数据生效。

【操作步骤】

步骤 1：在导航树窗口中，单击"MML 命令"页签，在命令执行窗口中执行 MML 命令 LST VER，查询 NodeB 当前软件版本。

■　若当前软件版本与目标软件版本一致，则只需下载数据配置文件和确认数据配置文件生效。

■　若当前软件版本与目标软件版本不一致，则需要下载基站软件包，下载数据配置文件，确认数据配置文件生效和激活基站。

步骤 2：在导航树窗口中，单击"维护"页签。

步骤 3：选择"软件管理 > 软件升级"，弹出"软件升级"界面。

步骤 4：在界面中，选择"基站软件升级"。单击"下一步"，弹出"基站升级信息收集"对话框。

步骤 5：依次选中"下载数据配置文件"、"下载基站软件包"、"按配置下载"、"确认数据配置文件生效"和"激活基站"，并设置数据配置文件和基站软件包下载路径。

步骤 6：单击"下一步"，弹出确认对话框。

步骤 7：在对话框中，单击"是"，弹出状态说明和进度指示，显示目前的操作进度和状态，通过该界面判断操作是否成功完成。

2. 检查 NodeB 运行状态

检查 NodeB 的运行状态是为了排除运行中出现的故障，确保 NodeB 正常运行。

（1）检查小区状态

通过查询本地小区和逻辑小区的状态，可以了解当前小区的运行情况，并进行适当的维护操作。

【操作步骤】

执行 DSP LOCELL，检查 NodeB 所有本地小区和所有逻辑小区的状态。

■　如有故障信息，则根据故障提示信息排除本地小区和逻辑小区状态存在的异常情况。

■　如无故障信息，则操作结束。

（2）监测 NodeB 输出功率

通过监测 NodeB 的输出功率，可以直观地了解 NodeB 的功率输出情况，包括典型输

出功率和各载波输出功率。

　　该任务启动后，系统将按照设置的时间间隔周期上报检测到的典型功率和各载波功率。NodeB 的输出功率与配置以及具体的业务相关。如果配置了导频功率和典型功率，当 NodeB 不承载业务时，WRFU、RRU 输出功率应该与导频功率加 3dBm 差不多；如果明显低于导频功率，则表明 NodeB 输出功率异常。WRFU、RRU 导频功率可以配置为 33dBm，典型功率配置为 43dBm。

　　【操作步骤】

　　步骤 1：在"本地维护终端"的导航树窗口中，单击"维护"页签。

　　步骤 2：双击"实时特性监测 > 输出功率监测"节点，弹出"输出功率监测"对话框。"输出功率监测"对话框中参数的具体说明，参见界面参考：输出功率监测。

　　步骤 3：在对话框中输入相应的参数。

　　步骤 4：单击"确定"，弹出新窗口显示当前监测任务图像。

　　步骤 5：停止该测试任务，有以下两种方式：

　　方法一：直接关闭当前监测任务显示窗口，停止当前窗口中所显示的所有监测任务。

　　方法二：在监测任务列表区域中单击右键，选择快捷菜单"删除任务"，同时该任务显示的图形曲线也会一并删除。

　　监测结果项如表 4-6 所示。

表 4-6　　　　　　　　　　　NodeB 输出功率监测结果项说明表

监测项名称	监测项解释
载波输出功率 （载波所属通道编号：X；载波编号：Y；单位：0.1dBm）	X 号通道 Y 号载波的输出功率值 载波输出功率为实际 RRU 的输出功率
通道输出功率 （通道编号：X；单位：0.1dBm）	射频单元对应 X 号通道的典型输出功率值 通道输出功率为理想情况下的输出功率，也就是理论上的输出功率

　　3. 处理 NodeB 告警

　　查询 NodeB 是否存在活动告警，并尽可能排除告警。

　　【操作步骤】

　　步骤 1：执行 LST ALMAF，查询当前活动告警。

　　步骤 2：处理 NodeB 告警。

　　■　若存在 NodeB 活动告警，则根据活动告警帮助信息排除告警。

　　■　若存在不能排除的 NodeB 告警，则记录到 NodeB 调测记录表。

　　4. 通过 LMT 检测 NodeB 天馈驻波比

　　电压驻波比简称驻波比，通常用来作为判断天馈系统安装正常的标准。

　　驻波比过大将缩短信号的传输距离，减小覆盖范围，影响通信系统的正常工作。正常的驻波比范围为：1～2.0，当驻波比小于 1.5 时状态较优。

【操作步骤】

步骤 1：执行 STR VSWRTEST，检测 NodeB 天馈驻波比。

步骤 2：后续处理。

■ 根据驻波比检测结果判断天馈系统安装是否正常。

■ 确认基站已恢复工作。

5. NodeB 调测记录表

NodeB 调测记录表用于记录 NodeB 调测过程和调测结果，如表 4-7 所示。

表 4-7 NodeB 调测记录表

站点名称			
NodeB 型号			
调测时间			
调测人员			
调测成功否	□ 成功；□ 失败		
	调测操作项目	结论	异常情况的处理说明
调测准备阶段	NodeB 硬件安装是否有遗留问题	□是；□否	
	NodeB 与 RNC 之间的传输是否准备就绪	□是；□否	
	RNC 中是否增加了被调测 NodeB 的协商数据	□是；□否	
	实际需要运行的 NodeB 软件、BootROM 软件、数据配置文件是否准备就绪	□是；□否	
调测阶段	NodeB 软件、BootROM 软件升级是否成功	□是；□否	
	数据配置文件下载是否成功	□是；□否	
	是否已检查 NodeB 硬件状态	□是；□否	
	是否已检查 NodeB 运行状态	□是；□否	
	是否已检测 NodeB 天馈驻波比	□是；□否	
调测遗留问题	问题描述		影响
故障单板记录	部件名称		部件条码

基站系统原理与装调维护 ■ ■ ■

4.2.3 任务与训练

任务书 1：NodeB 的调测流程

任务书要求：

主题	NodeB 的调测流程
任务详细描述	1．画出 NodeB 调测的流程图 2．简要描述 NodeB 的调测步骤

任务书 2：NodeB 的调测

任务书要求：

主题	NodeB 的调测
任务详细描述	1．在 LMT-B 上对 NodeB 进行开通调测 2．搜集并记录相关信息

4.2.4 考核评价

学习任务：_____ 班级：_____

小组成员：_____

姓名	项目完成情况			
	画出 NodeB 调测的流程图（20）	简要描述 NodeB 的调测步骤（20）	在 LMT-B 上对 NodeB 进行开通调测（40）	搜集并记录相关信息（20）

教师评价：

4.3　调试 NodeB 设备

通过发送透明消息和串口重定向，对 NodeB 设备进行调试。

4.3.1　启动串口重定向

通过串口重定向获取系统运行状态信息，用来诊断单板故障。

■　系统默认将输出信息保存在："LMT 安装目录\client\output\NodeB\LMT 软件版号\NodeBtest"路径下。

■　默认文件名：Commredirect_年-月-日-时-分-秒。

■　自动保存文件的扩展名为.txt。

■　串口重定向操作支持两种方式：带外串口重定向方式和非带外串口重定向方式。当出现 BBU 单板维护链路异常告警时，需使用带外串口重定向方式才能跟踪到断链单板的串口信息。正常情况下，建议使用非带外串口重定向方式，可以指定单板具体的程序模块进行串口重定向。

■　最多可同时对 40 块单板进行串口重定向操作，每块单板最多允许 5 个用户同时启动串口重定向任务。

■　各个任务信息以书签迭加的方式显示在消息窗口。

【操作步骤】

步骤 1：在"本地维护终端"的导航树窗口中，选择"综合维测 > 串口重定向 > 启动串口重定向"，弹出"设置串口重定向"对话框。

步骤 2：在对话框中设置相应的参数，设置串口重定向。

表 4-8 提供设置串口重定向的界面参考。

表 4-8　　　　　　　　　　　设置串口重定向的界面参考

字段名	说明
机柜编号	要操作的机柜在系统中的编号
机框号	单板所在的机框号
槽位号	单板所在的槽位号
CPU 号	固定为"0"
采用带外串口重定向方式	可选择"是"或"否"
进程号	当"采用带外串口重定向方式"为"否"时该参数有效 单板程序模块名。将单板程序按模块进行划分，用户通过设置"进程号"可只对需要进行问题定位的模块进行串口重定向，只输出该模块的定位信息
打印级别	当"采用带外串口重定向方式"为"否"时该参数有效 设置每个模块的串口信息输出级别。"打印级别 0"是最大范围的输出，级别数增加，输出范围依次递减，"打印级别 5"为关闭输出

基站系统原理与装调维护 ■■■

步骤 3：单击"确定"，弹出输出信息窗口。根据输出信息内容，可帮助定位单板故障。

4.3.2　查看所有打开的进程

查看所有打开的进程指查看所有正在运行的串口重定向进程。

【操作步骤】

选择"综合维测 > 串口重定向 > 查看所有打开的进程"，在弹出的窗口中可查看所有正在运行的串口重定向进程。

> 此窗口中只显示每个正在运行的串口重定向进程的单板号、进程号和打印级别。要查看详细信息请参见各进程输出信息窗口。

4.3.3　发送透明消息

透明消息类型分为模拟消息和单板调试两种。消息从后台（LMT）被转发到前台（主机）模块，中间不进行任何处理，实现消息透明传输。前台模块返回给后台的运行响应结果可以帮助用户更好进行故障定位和调试。

【操作步骤】

步骤 1：选择"综合维测 > 透明消息"，弹出"透明消息"设置对话框。

步骤 2：在对话框中设置相应的参数，参见表 4-9 界面参考：透明消息。

表 4-9　　　　　　　　　　提供透明消息的界面参考

字段名	说明
消息类型	可选："单板调试"、"模拟消息"
发送方 CPUID	发送方 CPU 识别号，当消息类型为"模拟消息"时该字段有效
发送方实体号	发送方实体号，当消息类型为"模拟消息"时字段有效
接收方 CPUID	接收方 CPU 识别号
接收方实体号	接收方实体号
消息体	十六进制的消息内容

步骤 3：单击"确定"，弹出消息发送成功或失败提示框。

4.3.4　任务与训练

任务书：NodeB 的调试

任务书要求：

主题	NodeB 的调试
任务详细描述	1. 在本地终端上对 NodeB 设备进行调试 2. 搜集调试过程中的信息并记录

4.3.5 考核评价

学习任务：＿＿＿＿＿＿＿＿＿＿ 班级：＿＿＿＿＿＿＿＿＿＿

小组成员：＿＿＿＿＿＿＿＿＿＿

姓名	项目完成情况	
	在本地终端上对 NodeB 设备进行调试（60）	搜集调试过程中的信息并记录（40）

教师评价：

4.4　管理 NodeB 实时特性监测

通过实时特性监测，可实时了解基站的性能状态。

4.4.1　监测传输端口流量

通过监测传输端口流量，可以观测当前实时端口整体带宽使用状况。监测项目包含接收、发送的速率和流量。监测端口主要包括 MP/PPP/FE/IMAGRP/UNI/FRAATM/ETHTRUNK 级别的端口。

NodeB 支持同时对 4 个端口监测对象的流量进行监控，对于同一个端口监测对象只能同时启动一个监测任务。

【操作步骤】

步骤 1：在"本地维护终端"的导航树窗口中，单击"维护"页签。

步骤 2：双击"实时特性监测 > 传输端口流量监测"节点，弹出"传输端口流量监测"对话框。

步骤 3：设置相应的参数，请参见表 4-10 的传输端口流量监测表格。

表 4-10　　　　　　　　　　　　传输端口流量监测

参数名		参数值
	协议类型	可选择"IP"、"ATM"
	机柜号	固定为"主柜"
	机框号	BBU 所在的机框号，固定为 0
	槽位号	WMPT、UTRP 所在的槽位号。取值范围：0~7。取值范围：0~3
参数设置	子板类型	"协议类型"为"ATM"时： 槽位号为 0~5 0~2 时，可选择"E1_COVERBOARD"、"UNCHANNELED_COVERBOARD" 槽位号为 6~7 3 时，为"BASE_BOARD" "协议类型"为"IP"时： 槽位号为 0~5 0~2 时为"ETH_COVERBOARD" 槽位号为 6~7 3 时为"BASE_BOARD"
	端口类型	"协议类型"为"ATM"时： 子板类型为 BASE_BOARD 时，可选择"IMA"、"UNI"、"FRAATM"、"IMALNK" 子板类型为 E1_COVERBOARD 时，可选择"IMA"、"UNI"、"FRAATM"、"IMALNK" 子板类型为 UNCHANNELED_COVERBOARD 时，可选择"IMA"、"UNI"、"IMALNK" "协议类型"为"IP"时： 当子板类型为"BASE_BOARD"可选择"PPP"、"MPGRP"、"ETH" 当子板类型为"ETH_COVERBOARD"时可选择"ETH"、"ETHTRK" 当子板类型为"E1_COVERBOARD"时可选择"PPP"、"MPGRP"

续表

参数名		参数值
参数设置	端口号	"协议类型"为"ATM"时： 当子板类型为"BASE_BOARD"时： – 端口类型为 IMA 时取值：0～1 – 端口类型为 IMALNK 时取值：0～4 – 端口类型为 UNI 时取值：0～3 – 端口类型为 FRAATM 时取值：0～3 当子板类型为"E1_COVERBOARD"时： – 端口类型为 IMA 时取值：0～3 – 端口类型为 IMALNK 时取值：0～7 – 端口类型为 UNI 时取值：0～7 "协议类型"为"IP"时： 当子板类型为"BASE_BOARD"时： – 端口类型为 PPP 时取值：0～11 – 端口类型为 MPGRP 时取值：0～1 – 端口类型为 ETH 时取值：0～1 当子板类型为"ETH_COVERBOARD"时： – 端口类型为 PPP 时取值：0～15 – 端口类型为 MPGRP 时取值：0～3 – 端口类型为 ETH 时取值：0～3 – 端口类型为 ETHTRK 时取值：0～1
	是否选定资源组跟踪	当"协议类型"为"ATM"时该字段有效。当有多个运营商共享 RAN 资源时，可选择已方所分配的资源组跟踪流量。可选择"是"、"否"
	单位	当"协议类型"为"ATM"时，可选择"cps"、"bps" 当"协议类型"为"IP"时，可选择"pps"、"bps"
	上报周期（s）	监测任务的上报周期，固定为 1s
	包含 IP 层丢包信息	当"协议类型"为"IP"时该字段有效。选中该项，监测结果将同时输出 IP 层丢包信息
	包含链路层丢包信息	当"协议类型"为"IP"时该字段有效。选中该项，监测结果将同时输出链路层丢包信息
	资源组选择	当"协议类型"为"ATM"，且"是否选定资源组跟踪"为"是"时该字段有效。资源组固定分为 4 个，分别为"资源组 0"、"资源组 1"、"资源组 2"、"资源组 3"，请根据已方所分配的资源组号进行选择

步骤 4：单击"确定"，弹出新窗口显示当前监测任务图像。

步骤 5：停止该监测任务，有以下两种方式：

方法一：直接关闭当前监测任务显示窗口，停止当前窗口中所显示的所有监测任务。

方法二：在监测任务列表区域中单击右键，选择快捷菜单"删除任务"，同时该任务显

WCDMA 基站系统原理与装调维护 ■ ■ ■

示的图形曲线也会一并删除。

 4.4.2　查询小区业务资源

通过查询小区业务资源，可以实时了解小区的业务状况，包括当前用户个数、上行使用 CE 数目、下行使用 CE 数目。

■　上行资源指上行解调资源和上行译码资源，单位是点数。

■　下行资源指下行调制资源和下行编码资源，单位是点数。

　　资源能力是以 12.2kbit/s 话音业务为基本单元，其他业务相对于 12.2kbit/s 话音业务进行折算（一条 12.2kbit/s 话音业务的消耗定义为 1 点）。

【操作步骤】

步骤 1：在导航树窗口中，单击"维护"页签。

步骤 2：选择"实时特性监测 > 小区业务资源查询"，弹出"小区业务资源查询"对话框。

"小区业务资源查询"对话框中参数的具体说明，参见表 4-11。

表 4-11　　　　　　　　　　　　　　　　参数的具体说明

字段名	说明
本地小区编号	目标小区的编号
文本文件名	保存监测结果的文本文件（扩展名为.txt）

步骤 3：在对话框中输入相应的参数。

步骤 4：单击"确定"，弹出新窗口显示当前监测任务图像。

步骤 5：停止该测试任务，有以下两种方法。

方法一：直接关闭当前监测任务显示窗口，停止当前窗口中所显示的所有监测任务。

方法二：在监测任务列表区域中单击右键，选择快捷菜单"删除任务"，同时该任务显示的图形曲线也会一并删除。

 4.4.3　单板级 RTWP 测量

RTWP（Received Total Wideband Power）指在 UTRAN 接入点测得的上行信道带宽内的宽带接收功率。通过测量 RTWP，可以进行上行射频通道的校准。单板级 RTWP 测量对业务没有影响。

单板级 RTWP 测量参考标准如下：

■　如果未接天馈或匹配负载，则 RTWP 的上报值应为-108dBm 左右；如果接入天馈（塔放打开）或匹配负载，则 RTWP 的上报值应为-105dBm 左右。

■　业务正常时，当上行负载达到 75%，RTWP 比无业务时增加约 6dB。

【操作步骤】

步骤 1：在"本地维护终端"的导航树窗口中，单击"维护"页签。

126

步骤 2：双击"实时特性监测 > 单板级 RTWP 测量"节点，弹出"单板级 RTWP 测量"对话框。

"单板级 RTWP 测量"对话框中参数的具体说明，参见表 4-12。

表 4-12　　　　　　　　　　　　参数的具体说明

字段名	说明
机柜号	固定为"主柜"
机框号	WRFU/RRU 所在的机框号
槽位号	WRFU/RRU 所在的槽位号
上报周期	上报测量报告的周期，固定为 1s
自动保存	选中表示自动保存测试数据文件
文本文件名	保存测量数据的文本文件名（后缀为 txt）

步骤 3：在对话框中输入相应的参数。

步骤 4：单击"确定"，弹出新窗口，显示当前监测任务图像。

步骤 5：停止该测试任务，有以下两种方式：

方法一：直接关闭当前监测任务显示窗口，停止当前窗口中所显示的所有监测任务。

方法二：在监测任务列表区域中单击右键，选择快捷菜单"删除任务"，同时该任务显示的图形曲线也会一并删除。

4.4.4　扫描上行频率

通过上行频率扫描，可以检查 NodeB 周围的电磁环境，也可以检查 NodeB 本身是否存在内部干扰。该任务由 RRU 或 WRFU 连续扫描相应的频点，计算接收信号强度并上报。建议在配置小区前首先进行该项测试。

上行频率扫描测试结果的参考标准如下：

■　如果在断开天馈系统时，进行上行频率扫描，扫描图像中出现明显大于-108dBm的"突起"，则说明有来自 NodeB 本身的干扰。

■　如果在连接上天馈系统并打开塔放后，并对射频通道衰减量进行相应设置，以补偿塔放增益和馈缆损耗，再进行上行频率扫描，扫描图象出现明显大于-105dBm的"突起"，则说明存在来自 NodeB 周围的干扰。

■　通常可根据"突起"形状，大致估计干扰的特点：

–　如果"突起"呈三角形或梯形，可认为存在单音干扰，顶点是干扰的中心频率。

–　如果"突起"呈矩形或叠加有矩形，可认为存在宽带干扰，矩形的中心位置频点是干扰频点。

【操作步骤】

步骤 1：在"本地维护终端"的导航树窗口中，单击"维护"页签。

步骤 2：选择"实时特性监测 > 上行频率扫描"，弹出"上行频率扫描"对话框。

"上行频率扫描"对话框中参数的具体说明，参见表 4-13。

表 4-13 参数的具体说明

字段名	说明
机柜号	取值范围：0~62
机框号	WRFU/RRU 所在的机框号
槽位号	WRFU/RRU 所在的槽位号
开始频率（200kHz）	频率扫描开始的频率
结束频率（200kHz）	频率扫描结束的频率
扫描频率间隔（200kHz）	取值范围：1~25
扫描时间间隔（0.1s）	取值范围：2~600
自动保存	选中表示自动保存扫描数据的文件
文本文件名	保存扫描数据的文本文件名（后缀为 txt）

步骤 3：在对话框中输入相应的参数。

步骤 4：单击"确定"，弹出提示对话框，提示是否确实要启动上行频率扫描。

步骤 5：单击"是"，弹出新窗口显示当前监测任务图像。

步骤 6：停止该测试任务，有以下二种方法。

方法一：直接关闭当前监测任务显示窗口，停止当前窗口中所显示的所有监测任务。

方法二：在监测任务列表区域中单击右键，选择快捷菜单"删除任务"，同时该任务显示的图形曲线也会一并删除。

4.4.5 查询 NodeB 单板业务资源

通过查询 NodeB 单板业务资源，可以实时了解该单板的业务状况，包括单板的总业务资源、已使用的业务资源、空闲的业务资源。

单板业务资源占有率是按照资源的使用点数、资源总点数计算出来的百分比数据。具体内容包括：

■ 解调 DSP 的资源占用率

■ 译码 DSP 的资源占用率

■ 编码 DSP 的资源占用率

注意　　对于单板而言，只显示当前可用的 DSP 资源情况，如果某个 DSP 不可用则不显示。资源能力是以 12.2kbit/s 语音业务为基本单元，其他业务相对于 12.2kbit/s 语音业务进行折算（一条 12.2kbit/s 语音业务的消耗定义为 1 点）。

【操作步骤】

步骤 1：在"本地维护终端"导航树窗口中，单击"维护"页签。

步骤 2：双击"实时特性监测 > 单板业务资源查询"节点，弹出"单板业务资源查询"对话框。

"单板业务资源查询"对话框中参数的具体说明，参见表 4-14。

表 4-14　　　　　　　　　　　参数的具体说明

字段名	说明
机柜号	取值范围：0～7
机框号	BBU 所在的机框号，固定为 0～1
槽位号	WBBPa、WBBPb 所在的槽位号，取值范围：0～5
自动保存	选中表示自动保存测量数据的文件
文本文件名	保存监测数据的文本文件名（后缀为 txt）

步骤 3：在对话框中输入相应的参数。
步骤 4：单击"确定"，弹出新窗口显示当前监测任务图像。
步骤 5：停止该测试任务，有以下两种方式。
方法一：直接关闭当前监测任务显示窗口，停止当前窗口中所显示的所有监测任务。
方法二：在监测任务列表区域中单击右键，选择快捷菜单"删除任务"，同时该任务显示的图形曲线也会一并删除。

4.4.6　监测小区业务吞吐量

监测小区业务吞吐量是指实时监测小区上行、下行业务的用户数目，了解小区用户的分布状况。

【操作步骤】
步骤 1：在"本地维护终端"的导航树窗口中，单击"维护"页签。
步骤 2：选择"实时特性监测 > 小区业务吞吐率统计"，弹出"小区业务吞吐率统计"对话框。

"小区业务吞吐率统计"对话框中参数的具体说明，参见表 4-15。

表 4-15　　　　　　　　　　　参数的具体说明

参数名	参数值
本地小区编号	本地小区的编号
自动保存	选中表示需要把监测记录自动保存到指定文件夹中
文本文件名	保存测量数据的文本文件（后缀为 txt）

步骤 3：在对话框中输入相应的参数。
步骤 4：单击"确定"，弹出新窗口显示当前监测任务图像。
步骤 5：停止该测试任务，有以下两种方法。
方法一：直接关闭当前监测任务显示窗口，停止当前窗口中所显示的所有监测任务。
方法二：在监测任务列表区域中单击右键，选择快捷菜单"删除任务"，同时该任务显示的图形曲线也会一并删除。

4.4.7 任务与训练

任务书：NodeB 监测

任务书要求：

主题	启动并观察对 NodeB 的监测
任务详细描述	1．在 LMT-B 上扫描上行频率 2．在 LMT-B 上启动单板级 RTWP 的测量 3．在 LMT-B 上启动对小区业务吞吐量的监测

4.4.8 考核评价

学习任务：_____　　班级：_____

小组成员：_____

姓名	项目完成情况		
	在 LMT-B 上扫描上行频率（30）	在 LMT-B 上启动单板级 RTWP 的测量（30）	在 LMT-B 上启动对小区业务吞吐量的监测（40）

教师评价：

第5章 基站的运行与维护

要点提示：
1. NodeB 设备的日常检查
2. NodeB 设备的硬件维护
3. NodeB 告警与故障处理
4. 通信电源的运行与维护
5. 基站防雷保护系统

5.1 NodeB 设备的运行与维护

5.1.1 NodeB 站点维护概述

1. 安全申明

NodeB 站点电气设备的 AC 电源线带有危险电压，某些部件运行温度很高。不遵守安装指导和安全注意事项容易导致严重的人身伤害和财产损失。

设备会产生和释放射频能量。如果不按照《手册使用指南》中列出的方法安装和使用设备，可能会对无线通信产生有害干扰。

在所有地区，尤其是住宅区，要严格遵守相关的电磁场强度（EMF）要求，否则会危害人体健康。

2. 维护内容

NodeB 站点维护主要涵盖如下内容：NodeB 设备的日常检查、BBP530 硬件设备的上电和下电、BBP530 硬件模块的更换、RRU 硬件设备的上电和下电、RRU 硬件模块的更换、模块面板指示灯的维护、各种检查记录表格的填写等。

5.1.2 NodeB 设备的日常检查

NodeB 设备的日常检查工作主要包含以下方面。

1. 定期巡检 NodeB 机房的工作环境。

■ 保持机房照明设备工作正常、机房温湿度正常、现场整洁，检查电源插座、灭火器材的配备情况并登记；

■ 保持 NodeB 设备清洁，机架和设备表面无灰尘，每月清洗机架滤网一次。

2. 定期巡检 NodeB 设备铁件的加固情况，如有松动应及时处理。

3. 定期巡检 NodeB 设备所有联接电缆的连接情况，看有无松动或损坏现象，并用点

温仪检查温度。

4．定期巡检 NodeB 设备上的电缆标签情况，如有漏贴或贴错现象，应及时整改。

5．定期巡检 NodeB 硬件设备的运行情况，要求信道都正常工作。

6．实时监控 NodeB 机架上的各种告警情况，如有告警，应及时处理。

7．定期对每个小区进行呼叫测试，要求用测试手机在距基站一定距离处通话情况正常。

8．定期检查基站设备的接地情况，要求确认接地系统连接状况良好，无松动或腐蚀现象，如有腐蚀应及时处理。

5.1.3　NodeB 设备的硬件维护

1．BBU3900 硬件维护

（1）BBU3900 设备维护项目

对 BBU3900 设备进行维护的项目包括：检查风扇、检查设备外表、检查设备清洁、检查指示灯、机柜环境温度。

BBU3900 设备的维护项目如表 5-1 所示。

表 5-1　　　　　　　　　　BBU3900 设备维护项目列表

项目	周期	操作指导	参考标准
检查风扇	每周，每月(季)	检查风扇	无相关风扇告警
检查设备外表	每月(季)	检查设备外表是否有凹痕、裂缝、孔洞、腐蚀等损坏痕迹，设备标识是否清晰	无
检查设备清洁	每月(季)	检查各设备是否清洁	设备表面清洁、机框内部灰尘不得过多
检查指示灯	每月(季)	检查设备的指示灯是否正常	无相关指示灯报警
检查机柜环境温度	每月(季)	检查机柜内的温度是否正常	BBU3900 工作的环境温度要求：-20℃～+55℃

（2）BBU3900 上电和下电

BBU3900 上电时，需要检查 BBU3900 各指示灯的状态；BBU3900 下电时，根据现场情况，可采取常规下电或紧急下电。

①　BBU 上电

将 BBU 的电源开关置为"ON"，根据指示灯状态判断 BBU 的运行状况。

前提条件：

■　BBU 硬件及线缆已安装完毕。

■　外部输入电源电压应在-38.4V DC～-57V DC 或+21.6V DC～+29V DC 范围内。

操作步骤：

■　将给 BBU 供电的外部供电设备对应的空开开关置为"ON"。

■　将 BBU 的电源开关置为"ON"。

■　查看 BBU 面板上"RUN"、"ALM"和"ACT"三个指示灯的状态，根据指示灯的状态进行下一步操作，如表 5-2 所示。

表 5-2　　　　　　　根据"RUN"、"ALM"和"ACT"三个指示灯进行操作

如果...	则...
"RUN" 1s 亮 1s 灭 "ALM" 亮 1s 后常灭 "ACT" 常亮	指示灯显示正常，单板开始运行，转 4
"RUN" 常亮 "ALM" 常亮 "ACT" 常灭	指示灯显示不正常，可采取以下措施排除故障： 确认电源线已紧密连接 复位单板 拔下单板检查插针是否有损坏。如果插针有损坏则更换单板；如果插针无损坏则重新安装单板 查看指示灯，如果指示灯显示正常，转 4；如果指示灯显示不正常，请联系华为请求技术支持

■　查看 BBU 面板上其他指示灯的状态。

■　根据指示灯的状态，如表 5-3 所示，进行下一步操作。

表 5-3　　　　　　　　　根据指示灯状态进行操作

如果...	则...
BBU 运行正常	上电结束
BBU 发生故障	排除故障后转 1

② BBU 下电

BBU 下电分为常规下电和紧急下电。

【操作步骤】

■　根据不同的情况，选择常规下电或紧急下电，参见表 5-4。

表 5-4　　　　　　　　根据不同情况选择常规下电或紧急下电

如果...	则...
某些特殊场合（例如设备搬迁、可预知的区域性停电）	常规下电，转 2
BBU 出现电火花、烟雾、水浸等紧急情况	紧急下电，转 3

■　按以下步骤进行常规下电。

a）将 BBU 的电源开关置为"OFF"。

b）将给 BBU 供电的外部供电设备对应的空开开关置为"OFF"。

■　将给 BBU 供电的外部供电设备对应的空开开关置为"OFF"，如果时间允许，再将 BBU 的电源开关置为"OFF"，最后将 PDU 上该 BBU 对应的空开开关置为"OFF"。

（3）更换 BBU3900 部件

对发生故障的 BBU 部件必须及时更换，可更换的部件包括：BBU 盒体、BBU 单板和模块、光模块。

① 查询单板信息

更换前需要进行远端单板信息查询，确定待更换单板的类型。

■ 在 LMT 上执行 MML 命令 LST BRDINFO。

■ 从命令查询中获取"类型"和"描述"字段信息，明确待更换单板类型。根据新单板面板或拉手条上的条形码标签信息，准备好新单板。条形码标签如图 5-1 所示。

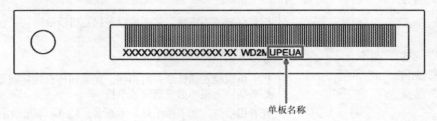

单板名称

图 5-1 条形码标签

② 更换 BBU 盒体

前提条件：

■ 已准备好工具和材料：防静电腕带/防静电手套、M6 螺丝刀。

■ 已确认待更换 BBU 盒体的数量、类型，并准备好新盒体。

■ 已被批准进入站点，并带好钥匙。

背景信息：

更换 19 英寸机柜中 BBU 盒体将导致该基站所承载的业务完全中断，因此需要在 20 分钟内完成更换。

【操作步骤】

■ 通知 M2000 管理员将要进行 BBU 盒体更换，请管理员执行如下操作：

a）如果有必要，需备份或转移 BBU 上相关单板的业务；

b）在 LMT 操作维护系统中执行 MML 命令 ULD CFGFILE 上载基站数据配置文件到 LMT 维护电脑上。

■ 参见 BBU 下电，给 BBU 下电。

■ 佩戴防静电腕带或防静电手套。

  更换操作时请确保正确的 ESD 防护措施，如佩戴防静电腕带或手套，以避免单板、模块或电子部件遭到静电损害。

■ 记录 BBU 盒体各单板面板上所有线缆的连接位置。

■ 拆卸 BBU 盒体各单板面板上的电源线、传输线、CPRI 线缆和告警线。

■ 拆卸 BBU 盒体上的 4 颗 M6 螺钉，拉出 BBU 盒体，如图 5-2 所示。

■ 拆卸故障 BBU 盒体上的所有单板，并安装到新盒体上相应的位置，并在空闲槽位安装好假面板。

■　安装新的 BBU 盒体，拧紧盒体上的螺钉（扭矩为 2N·m），并根据记录的线缆位置安装线缆。

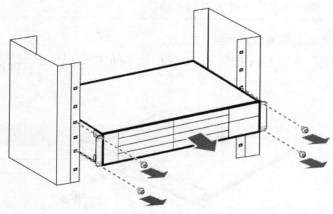

图 5-2　拆卸 BBU 盒体

■　参见 BBU 上电，给 BBU 上电。

■　根据 BBU 上单板指示灯的状态，判断新的 BBU 盒体是否正常工作。指示灯状态信息请参见相应的"硬件描述"。

■　通知 M2000 管理员更换已完成，请管理员执行如下操作：

a）执行 MML 命令 DLD CFGFILE 下载备份的基站数据配置文件到新的 BBU 上；

b）确认 BBU 上单板和模块没有告警；

c）手工同步存量数据，具体操作请参见《M2000 操作员指南》。

■　取下防静电腕带或防静电手套，收好工具。

③　更换 WMPT

WMPT（WCDMA Main Processing&Transmission unit）单板是主控传输板，具有为其他单板提供信令处理和资源管理的功能。

前提条件：

■　已准备好工具和材料：防静电腕带/防静电手套、M3 螺丝刀。

■　已确认待更换单板的数量、类型，具体查询步骤请参见查询单板信息。

■　已获准进入站点，并带好钥匙。

背景信息：

■　WMPT 单板支持热插拔。

■　更换 WMPT 单板将导致 UMTS 基站所承载的业务完全中断，因此需要在 10min 内完成更换。

【操作步骤】

■　通知 M2000 管理员将要进行 WMPT 单板更换，请管理员执行如下操作：

a）如果有必要，需备份或转移该单板上的业务；

b）执行 MML 命令 ULD CFGFILE 上载基站数据配置文件到 LMT 维护电脑上。

■ 佩戴防静电腕带或防静电手套。

警告

更换操作时请确保正确的 ESD 防护措施，如佩戴防静电腕带或手套，以避免单板、模块或电子部件遭到静电损害。

■ 记录单板面板上所有线缆的连接位置。

■ 拆卸 WMPT 单板上的传输线，如果配置了防雷板，还需拆卸防雷转接线，如图 5-3 所示。

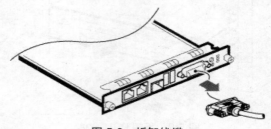

图 5-3　拆卸线缆

■ 拆卸 2 颗 M3 面板螺钉，拉出 WMPT 单板，如图 5-4 所示。

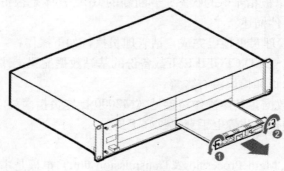

图 5-4　拆卸 WMPT

根据故障单板上拨码开关的状态设置新单板拨码开关。如有需要，请参见 WMPT。

■ 安装新单板，拧紧单板上螺钉（扭矩：0.6N·m），安装线缆。

■ 根据指示灯状态，判断新单板是否正常工作。指示灯状态信息请参见 WMPT。

■ 通知 M2000 管理员更换已完成，请管理员执行如下操作：

a）加载并激活 WMPT 软件版本，具体操作请参见相应的"LMT 用户指南"。

b）在 LMT 操作维护系统中执行 MML 命令 DLD CFGFILE 下载备份的基站数据配置文件到新的 BBU 上。

c）确认单板没有告警，具体操作请参见相应的"LMT 用户指南"。

d）手工同步存量数据，具体操作请参见《M2000 操作员指南》。

■ 取下防静电腕带或防静电手套，收好工具。

④ 更换 UPEU

UPEU（Universal Power and Environment Interface Unit）单板为 BBU 电源模块，用于

将-48V DC 或+24V DC 输入电源转换为+12V DC。

前提条件：

■　已准备好工具和材料：防静电腕带/防静电手套、M3 螺丝刀。

■　已确认待更换单板的数量、类型，具体查询步骤请参见查询单板信息。

■　已获准进入站点，并带好钥匙。

背景信息：

更换 UPEU 将导致 BBU 断电，业务中断，因此需在 10min 内完成更换。

【操作步骤】

■　通知 M2000 管理员将要进行 UPEU 模块更换，请管理员执行如下操作：

a）如果有必要，需备份或转移该单板上的业务；

b）执行 MML 命令 BLK CELL 闭塞该基站的所有小区。

如果未配置备份 UPEU 模块，该更换操作将导致基站业务完全中断。

■　参见 BBU3900 下电，给 BBU 下电。

■　佩戴防静电腕带或防静电手套。

更换操作时请确保正确的 ESD 防护措施，如佩戴防静电腕带或手套，以避免单板、模块或电子部件遭到静电损害。

■　记录单板面板上所有线缆的连接位置。

■　拆卸 UPEU 单板上的电源线、监控线和告警线，如图 5-5 所示。

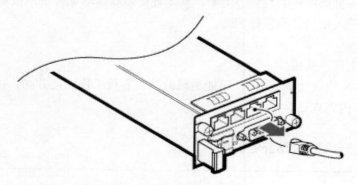

图 5-5　拆卸线缆

■　拆卸 2 颗 M3 面板螺钉，拉出 UPEU 模块，如图 5-6 所示。

■　安装新单板，拧紧单板上的螺钉（扭矩：0.6N·m），安装线缆。

■　参见 BBU3900 上电，给 BBU 上电。

■　根据指示灯状态，判断新单板是否正常工作。指示灯状态信息请参见 UPEU。

■　通知 M2000 管理员更换已完成，请管理员执行如下操作：

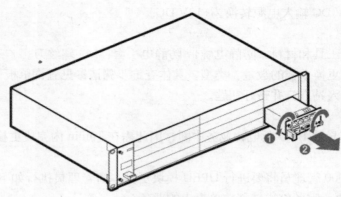

图 5-6 拆卸 UPEU

a) 加载并激活 UPEU 软件版本，具体操作请参见相应的"LMT 用户指南"；

b) 执行 MML 命令 UBL CELL 解闭该基站所有小区；

c) 确认单板没有告警，具体操作请参见相应的"LMT 用户指南"；

d) 手工同步存量数据，具体操作请参见《M2000 操作员指南》。

■ 取下防静电腕带或防静电手套，收好工具。

⑤ 更换 FAN

FAN 模块为 BBU 风扇盒模块，它与盒体的进风盒组成通风回路，进行强制通风散热。更换 FAN 模块可能造成 BBU 不能通风散热，工作温度升高，并上报高温告警，但对业务不会产生影响。

前提条件：

■ 已准备好工具和材料：防静电腕带/防静电手套、M3 螺丝刀。

■ 已确认待更换单板的数量、类型，具体查询步骤请参见查询单板信息。

■ 已获准进入站点，并带好钥匙。

背景信息：

■ 该模块支持热插拔。

■ 更换 FAN 模块会造成 BBU 不能通风散热，导致工作温度升高，可能会上报高温告警，需在 3min 内完成更换。

【操作步骤】

■ 佩戴防静电腕带或防静电手套。

  更换操作时请确保正确的 ESD 防护措施，如佩戴防静电腕带或手套，以避免单板、模块或电子部件遭到静电损害。

■ 拆卸 2 颗 M3 面板螺钉，拉出 FAN 模块，如图 5-7 所示。

  若故障风扇中仍有一个或多个风扇是转动的，在拔出风扇后确保手不要接触正在转动的风扇，以免受伤。

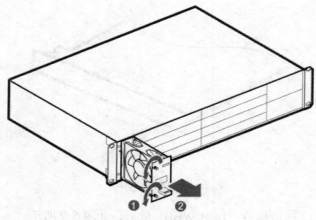

图 5-7　拆卸 FAN

■　安装新模块，拧紧模块上的螺钉（扭矩：0.6N·m）。

■　根据指示灯状态，判断新模块是否正常工作。指示灯状态信息请参见 FAN。

■　通知 M2000 管理员更换已完成，请管理员执行如下操作：

a）确认模块没有告警，具体操作请参见相应的"LMT 用户指南"；

b）手工同步存量数据，具体操作请参见《M2000 操作员指南》。

■　取下防静电腕带或防静电手套，收好工具。

⑥　更换 WBBP

WBBP（WCDMA BaseBand Process Unit）单板是 BBU 的基带处理板，主要实现基带信号处理功能。

前提条件：

■　准备好工具和材料：防静电腕带/防静电手套、M3 螺丝刀。

■　已确认待更换单板的数量、类型，具体查询步骤请参见查询单板信息。

■　已获准进入站点，并带好钥匙。

背景信息：

WBBP 单板支持热插拔。

【操作步骤】

■　通知 M2000 管理员将要进行 WBBP 模块更换，请管理员执行如下操作：

a）如果有必要，需备份或转移该单板上的业务；

b）执行 MML 命令 BLK BRD 闭塞 WBBP 单板。

■　佩戴防静电腕带或防静电手套。

　　更换操作时请确保正确的 ESD 防护措施，如佩戴防静电腕带或手套，以避免单板、模块或电子部件遭到静电损害。

■　记录单板面板上所有线缆的连接位置。

■　拆卸 WBBP 单板上的 CPRI 线缆，如图 5-8 所示。

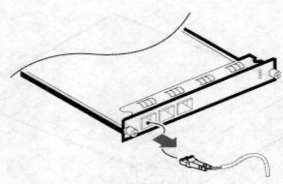

图 5-8　拆卸线缆

■　拆卸 2 颗 M3 面板螺钉，拉出 WBBP 单板，如图 5-9 所示。

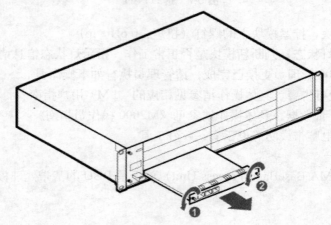

图 5-9　拆卸 WBBP

■　安装新单板，拧紧单板上的螺钉（扭矩：0.6N·m），安装线缆。

■　根据指示灯状态，判断新单板是否正常工作。指示灯状态信息请参见 WBBP。

■　通知 M2000 管理员更换已完成，请管理员执行如下操作：

a）加载并激活 WBBP 软件版本，具体操作请参见相应的"LMT 用户指南"；

b）执行 MML 命令 UBL BRD 解闭塞 WBBP 单板；

c）确认单板没有告警，具体操作请参见相应的"LMT 用户指南"；

d）手工同步存量数据，具体操作请参见《M2000 操作员指南》。

■　取下防静电腕带或防静电手套，收好工具。

⑦　更换光模块

光模块用于提供光电转换接口功能以实现 BBU 与其他设备间的光纤传输。

前提条件：

■　已准备好工具和材料：防静电腕带/防静电手套。

■　准备好各种类型的光模块。

■　已获准进入站点，并带好钥匙。

背景信息：

光模块支持热插拔。

【操作步骤】

■ 佩戴防静电腕带或防静电手套。

 注意　　更换操作时请确保正确的 ESD 防护措施，如佩戴防静电腕带或手套，以避免单板、模块或电子部件遭到静电损害。

■ 根据光模块上标签，准备好与故障光模块相同类型的光模块。

■ 记录光模块在单板上的位置。

■ 按下光纤连接器上的突起部分，将连接器从故障光模块中拔下，如图 5-10 所示。

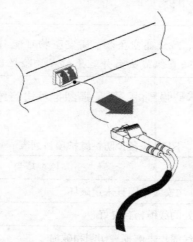

图 5-10　拆卸线缆

 警告　　从光模块中拔出光纤后，请不要直视光模块。

■ 将故障光模块上的拉环往下翻，将光模块拉出槽位，从 BBU 上拆下，如图 5-11 所示。

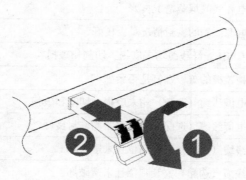

图 5-11　拆卸光模块

基站系统原理与装调维护

- 将新的光模块安装到 BBU 上。
- 分别取下新的光模块和光纤连接器上的防尘帽，将连接器插入到新的光模块上。
- 根据单板指示灯状态，判断传输是否正常。单板指示灯状态，请参见相应的"硬件描述"。
- 取下防静电腕带或防静电手套，收好工具。

2. RRU3908 硬件维护

本节主要介绍 RRU3908 V2 的日常硬件维护任务项目，包括设备维护项目，上电和下电操作，同时提供各类部件、模块的更换操作指导。

（1）RRU 设备的预防性维护项目

对 RRU 进行预防性维护，能提高 RRU 设备运行的稳定性。推荐预防性维护周期为1年。

在高处作业时，防止高空坠物。高空坠物可能引起人员重伤甚至死亡。维护人员进入作业区需一直佩戴头盔并避免站在危险区内。

RRU 设备的预防性维护不是强制的，但是强烈推荐进行维护。RRU 设备的预防性维护项目如表 5-5 所示。

表 5-5　　　　　　　　RRU 设备预防性维护项目列表

序号	检查项目
1	所有 RRU 均安装牢固且未遭破坏
2	在入机柜处的线缆密封良好
3	所有射频线缆均未磨损、切割和破损
4	所有射频线缆连接器均密封良好
5	所有射频线缆导管均保持完好
6	所有电源线均未磨损、切割和破损
7	所有电源线连接器均保持完好
8	所有电源线导管均保持完好
9	所有电源线的屏蔽情况良好
10	所有电源线的的密封情况是否良好
11	所有 CPRI 光纤线缆均未磨损、切割和破损
12	维护腔盖板的盖板螺钉是否紧固
13	所有电调线缆（选配）均未磨损、切割和破损
14	所有电调线缆（选配）的连接器均密封良好
15	告警线缆（选配）安装到位且未遭破坏
16	监控线缆（选配）安装到位且未遭破坏

142

如果检查结果不符合检查项目的描述，那么需要采取以下措施：
■ 拧紧松脱的连接。
■ 在按维护项目列表检查过程中发现的其他问题需要及时上报主管，因为后续工作可能需要经过培训并取得执照的现场工程师进行上塔维修。

（2）RRU 上电和下电

上电时，需要检查 RRU 的供电电压和指示灯的状态。RRU 下电时，根据现场情况，可采取常规下电或紧急下电。

① RRU 上电

将 RRU 模块进行上电处理，根据指示灯状态判断 RRU 的运行状况。

前提条件：
■ RRU 硬件及线缆已安装完毕。
■ DC RRU 电源输入端口电源电压为-36V DC～-57V DC 范围内。
■ AC RRU 电源输入端口电源电压为 100V AC～240V AC 范围内。

背景信息：

注意 RRU 打开包装后，24 小时内必须上电；后期维护时，下电时间不能超过 24 小时。

【操作步骤】
■ 将 RRU 进行上电处理。

危险 RRU 上电后，请不要直视光模块。

■ 等待 3～5min 后，查看 RRU 模块指示灯的状态，各种状态的含义请参见 RRU 指示灯。

说明 在 RRU 模块级联的情况下，请查看所有 RRU 模块的指示灯状态。

■ 根据指示灯的状态，进行下一步操作（见表 5-6）。

表 5-6　　　　　　　　　根据指示灯状态进行操作

如果...	则...
RRU 运行正常	上电结束
RRU 发生故障	排除故障后转 1

② RRU 下电

RRU 下电分为常规下电和紧急下电。

操作步骤：

■ 根据不同的情况，选择常规下电或紧急下电（见表 5-7）。

表 5-7　　　　　　　根据不同情况选择常规下电或紧急下电

如果...	则...
某些特殊场合（例如设备搬迁、可预知的区域性停电）	常规下电，转 2
RRU 出现电火花、烟雾、水浸等紧急情况	紧急下电，转 3

■ 将 RRU 配套电源设备上对应的空开开关置为"OFF"。

　　　　如果存在 RRU 模块级联的情况，请考虑下电操作对下级 RRU 模块的影响，以免引起业务中断。

■ 先切断 RRU 配套电源设备的外部输入电源，如果时间允许，再将 RRU 配套电源设备上对应的空开开关置为"OFF"。

（3）更换 RRU 模块

RRU 是分布式基站的射频远端处理单元，并与 BBU 等模块配合组成完整的分布式基站系统。

前提条件：

■ 已准备好工具和材料：防静电腕带/防静电手套、M4 螺丝刀、M6 螺丝刀、防水胶带、绝缘胶布等。

■ 确认需要更换的 RRU 的数量，准备好新的 RRU。

【操作步骤】

■ 参见 RRU 下电，将 RRU 下电。

■ 佩戴防静电腕带或防静电手套。

　　　　更换操作时请确保正确的 ESD 防护措施，如佩戴防静电腕带或手套，以避免单板、模块或电子部件遭到静电损害。

■ 用 M4 螺丝刀将配线腔盖板上的 1 颗防误拆螺钉拧松，拉动把手，翻开 RRU 模块配线腔。

■ 记录单板面板上所有线缆的连接位置。

■ 拆下 RRU 配线腔及底部面板的线缆。

■ 用 M4 螺丝刀将主扣件上两个弹片的紧固螺钉拧松，如图 5-12 所示。

　　　　在集中安装场景中，无需拆卸两边的 RRU 即可更换中间的 RRU，其更换步骤与更换正反装单 RRU 的操作步骤相同。

■ 用 M6 螺丝刀拧紧 RRU 转接件上的螺钉，如图 5-13 所示。借助顶起螺钉，使转接件与主扣件配合松动，然后用力上托 RRU，如图 5-14 所示，将 RRU 拆卸下来。

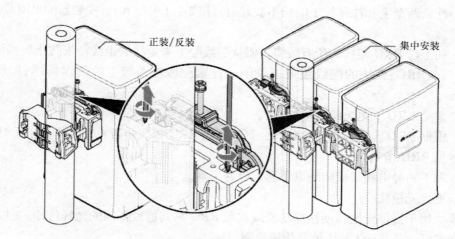

图 5-12　拧松主扣件螺钉

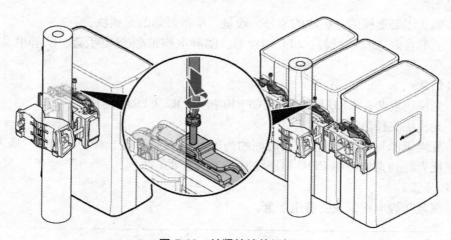

图 5-13　拧紧转接件螺钉

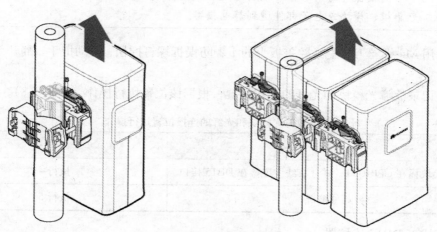

图 5-14　托起 RRU 模块

■ 拧紧两个主扣件弹片上的松不脱螺钉（扭矩：1.4N·m）。安装新的 RRU，并做好防水处理。

■ 插上与 RRU 连接的所有线缆，确认配线腔上未走线的走线槽未防水胶棒堵住。

■ 将 RRU 模块的配线腔盖板关闭，拧紧配线腔盖板上的防误拆螺钉（扭矩：1.4N·m）。

■ 参见 RRU 上电，给 RRU 上电。

■ 根据 RRU 上单板指示灯状态，判断新的 RRU 模块是否正常工作。指示灯的状态含义请参见 RRU 指示灯。

■ 取下防静电腕带或防静电手套，收好工具。

（4）更换光模块

光模块用于提供光电转换接口功能以实现 RRU 与其他设备间的光纤传输。更换光模块需要拆卸光纤，将导致 CPRI 信号传输中断。

前提条件：

■ 确认需要更换的光模块的型号、数量，准备好新的光模块。

■ 已准备好工具和材料：M4 螺丝刀、防静电腕带/防静电手套、防静电盒/防静电袋等。

背景信息：

■ 光模块安装在 RRU 的 RX TX CPRI0 和 TX RX CPRI1 接口上。

■ 光模块支持热插拔。

■ 更换 RRU 光模块所需要的时间约为 5min，包括拆卸光纤和光模块、插入新的光模块、连接光纤到光模块和 CPRI 链路恢复正常所需的时间。

【操作步骤】

■ 佩戴防静电腕带或防静电手套。

警告　　更换操作时请确保正确的 ESD 防护措施，如佩戴防静电腕带或手套，以避免单板、模块或电子部件遭到静电损害。

■ 用 M4 螺丝刀将配线腔盖板上的 1 颗防误拆螺钉拧松，拉动把手，翻开 RRU 模块配线腔。

■ 记录故障光模块和光纤的连接位置，根据该位置执行操作（见表 5-8）。

表 5-8　　　　　　　　　　根据故障光模块和光纤的连接位置执行操作

如果...	则...
故障光模块插在 CPRI0 口，并且有线缆连接在 DB15 接口	执行 4
其他情况	执行 5

■ 拔下 DB15 连接器。

■ 按下光纤连接器上的突起部分，将连接器从故障光模块中拔下。

从光模块中拔出光纤后，请不要直视光纤与光模块。

■ 将故障光模块上的拉环往下翻，将光模块拉出槽位，从 RRU 上拆下。
■ 将新的光模块安装到 RRU 上。
■ 将光纤连接器插入到新的光模块上。
■ 根据指示灯 CPRI0 和 CPRI1 的状态，判断 CPRI 信号传输是否正常。指示灯的状态含义请参见 RRU 指示灯。
■ 恢复配线腔中的线缆连接，根据先前动作执行操作（见表 5-9）。

表 5-9　　　　　　　　　　　　根据先前动作执行操作

如果...	则...
之前有拔下 DB15 接口上线缆的动作	执行 11
其他情况	执行 12

■ 插上 DB15 连接器。
■ 将 RRU 模块的配线腔盖板关闭，拧紧配线腔盖板上的防误拆螺钉（扭矩：1.4N·m）。
■ 取下防静电腕带或防静电手套，收好工具。

5.1.4 任务与训练

任务书 1：NodeB 的日常维护
任务书要求：

主题	NodeB 的日常维护
任务详细描述	1．按规范要求编制 NodeB 的日常维护检查表单 2．简要说明巡检中的注意事项 3．实际进行巡检并在编制的表单中填写相关信息

任务书 2：NodeB 的硬件维护
任务书要求：

主题	NodeB 的硬件维护
任务详细描述	1．按规范要求完成 NodeB 硬件的上下电操作 2．按规范要求完成对 NodeB 硬件模块的更换工作

基站系统原理与装调维护 ■ ■ ■

5.1.5 考核评价

学习任务：_____　　班级：_____

小组成员：_____

姓名	项目完成情况			
	日常维护表格编制完整合理（20）	完成日常巡检工作并正确填写表格（20）	正确完成上下电操作（30）	正确完成模块更换工作（30）

教师评价：

148

5.2　NodeB 告警与故障处理

5.2.1　NodeB 告警管理概述

1．NodeB 告警类别

NodeB 告警可分为故障告警和事件告警两类。

故障告警是指由于硬件设备故障或某些重要功能异常而产生的告警，如某单板故障、链路故障。通常故障告警的严重性比事件告警高。

事件告警是设备运行时的一个瞬间状态，只表明系统在某时刻发生了某一预定义的特定事件，如通路拥塞，并不一定代表故障状态。某些事件告警是定时重发的。

故障告警发生后，根据故障所处的状态，可分为恢复告警和活动告警。如果故障已经恢复，该告警将处于"恢复"状态，称之为恢复告警。如果故障尚未恢复，该告警则处于"活动"状态，称之为活动告警。但事件告警没有恢复告警和活动告警之分。

2．NodeB 告警级别

NodeB 告警级别用于标识一条告警的严重程度。按严重程度递减的顺序可以将所有告警（故障告警和事件告警）分为以下 4 种：紧急告警、重要告警、次要告警、提示告警。

紧急告警：此类级别的告警影响到系统提供的服务，必须立即进行处理。即使该告警在非工作时间内发生，也需立即采取措施。如某设备或资源完全不可用，需对其进行修复。

重要告警：此类级别的告警影响到服务质量，需要在工作时间内处理，否则会影响重要功能的实现。如某设备或资源服务质量下降，需对其进行修复。

次要告警：此类级别的告警未影响到服务质量，但为了避免更严重的故障，需要在适当时候进行处理或进一步观察。

提示告警：此类级别的告警指示可能有潜在的错误影响到提供的服务，应根据不同的错误采取相应的措施进行处理。

3．NodeB 告警事件类型

按照网管标准，NodeB 告警可分为以下几类。

电源系统：有关电源系统的告警。（如直流-48V）

环境系统：有关机房环境（温度、湿度、门禁等）的告警。

信令系统：有关随路信令（一号）和共路信令（七号）的告警。

中继系统：有关中继电路及中继板的告警。

硬件系统：有关单板设备的告警（如时钟、CPU 等）。

软件系统：有关软件方面的告警。

运行系统：系统运行时产生的告警。

通信系统：有关通信系统的告警。

业务质量：有关服务质量的告警。

处理出错：其他异常情况引起的告警。

4. NodeB 告警日志

告警日志用来记录各告警项的详细信息，以便用户查询系统产生的所有告警。

5.2.2 NodeB 告警系统的属性配置

1. 配置 NodeB 告警查询窗口属性

配置 NodeB 告警查询窗口属性，是指对告警显示窗口进行一些设置。用户可以根据使用习惯设置不同级别告警的显示颜色，设置故障告警的声音播放时长，设置告警记录的初始显示数目和最大显示数目。具体操作如下：

（1）在"本地维护终端"NodeB LMT 上，选择"故障管理 > 告警定制"，弹出"告警定制"对话框，如图 5-15 所示。

其中，初始显示数目为第一次打开告警浏览时故障告警的显示数目。取值范围：1～1000，缺省值为 1000；最大显示数目为故障告警或事件告警表格中显示告警的最大条数。取值范围：50～2000，缺省值为 2000；TIP 显示：缺省设置为启用。如果启用，则在"告警浏览"和"告警日志查询"窗口中，当鼠标移到一条告警记录上时，会显示该告警的详细提示信息。

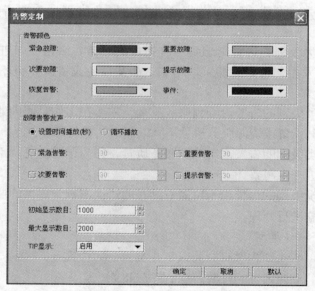

图 5-15 "告警定制"界面

（2）根据需要，设置不同的告警窗口属性。单击"确定"，完成定制。

2. 设置 NodeB 告警闪烁提示

本任务用于提示系统有告警发生。具体操作如下：

（1）在"本地维护终端"界面，选择"故障管理 > 告警闪烁提示"，任务栏显示 NodeB 告警管理器图标。

（2）右键单击 NodeB 告警管理器，可以完成以下操作（见表 5-10）。

表 5-10　　　　　　　　　　　　　NodeB 告警管理器操作功能

操作项	说明
停止当前闪烁	当有告警闪烁时，选择该选项，停止当前的告警闪烁
告警闪烁提示	选择该项，则当有告警发生时，NodeB 告警管理器图标闪烁
告警浏览	显示发生的告警信息

3. 设置告警实时打印

用于设置告警信息的相关条件，只有满足所设条件的实时告警信息，才会被打印出来。操作如下：

（1）在"本地维护终端"界面，选择菜单"故障管理 > 告警实时打印设置"，弹出"告警实时打印设置"对话框，如图 5-16 所示。

图 5-16　告警实时打印设置界面

（2）在对话框中设置打印条件。单击"确定"，完成设置。

5.2.3　处理 NodeB 告警

处理 NodeB 告警包括浏览告警列表、查询 NodeB 告警日志、手工恢复告警、保存 NodeB 告警信息、手工打印告警信息、查询告警处理建议、屏蔽 NodeB 告警。

1. 浏览告警列表

"告警浏览"窗口实时显示上报到 LMT 的故障告警和事件告警。通过浏览窗口中的故障告警和事件告警信息，能够掌握系统的实时运行情况。

（1）在本地维护终端界面，选择菜单"故障管理 > 告警浏览"，启动"告警浏览"窗口。窗口上侧为故障告警浏览窗口，下侧为事件告警浏览窗口。

（2）在"告警浏览"窗口中浏览告警信息。

（3）如果需要了解某条告警的详细信息，双击该告警记录，弹出"告警详细信息"对话框，如图 5-17 所示。

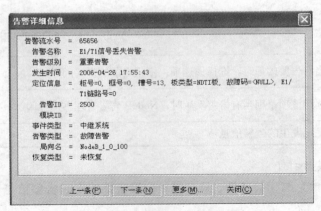

图 5-17　告警详细信息界面

（4）根据需要单击对话框中的按钮执行相应的操作。

2．查询 NodeB 告警日志

从记录告警日志的文件中按条件查询系统发生的历史告警信息，从而了解设备的历史运行情况。

（1）在"本地维护终端"界面，选择"故障管理 > 告警日志查询"，或单击快捷图标，弹出"告警日志查询"对话框，如图 5-18 所示。

（2）若需查询某段时间内，某类告警的产生和恢复等情况，选择"一般选项"页签。若需根据告警流水号、告警 ID、事件类型查询某段分类告警，选择"详细选项"页签，如图 5-19 所示。

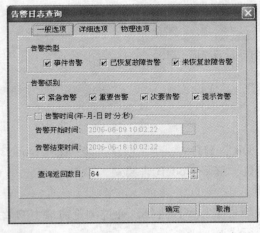

图 5-18　告警日志查询之"一般选项"界面

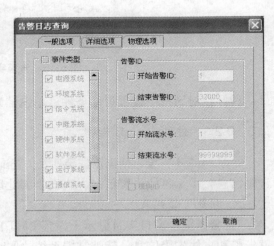

图 5-19　告警日志查询之详细选项界面

（3）若需根据某个框号或槽位，或者某种单板查询告警，选择"物理选项"页签，如图 5-20 所示。

（4）根据需要设置查询条件。单击"确定"，弹出"告警日志查询"窗口，如图 5-21 所示，浏览历史告警查询结果。

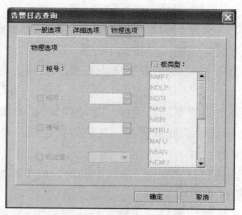

图 5-20　告警日志查询之物理选项界面

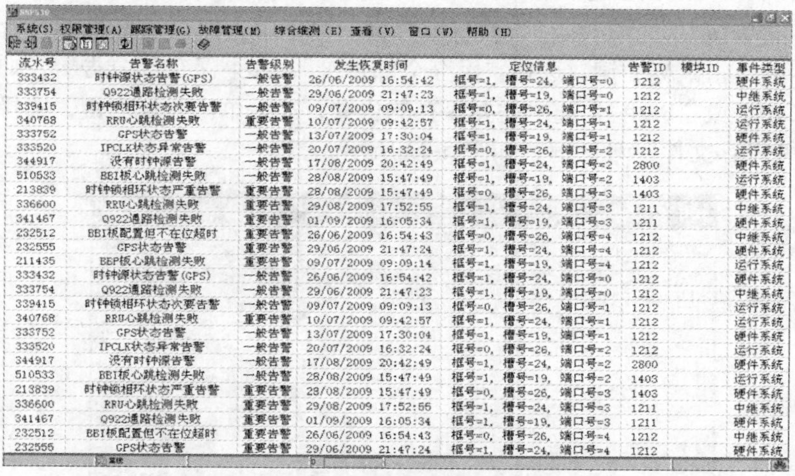

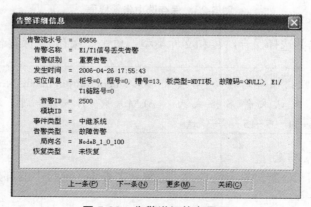

图 5-21　浏览历史告警查询结果界面

（5）如果需要了解某条告警的详细信息，双击此告警记录，弹出"告警详细信息"对话框，如图 5-22 所示，查看详细信息。

图 5-22　告警详细信息界面

3. 手工恢复告警

在操作员确信导致故障告警发生的原因已经清除，或判断某故障告警可以忽略的情况下，可以手工设置该告警为恢复告警。操作如下：

（1）在"故障告警浏览"窗口或"告警日志查询"窗口，选择需要手工恢复的告警记录。

（2）单击鼠标右键，弹出快捷菜单。选择"手动恢复"，弹出"确认"对话框。

（3）单击"是"，恢复所选中的故障告警，且该告警记录自动显示为恢复告警颜色。

4. 保存 NodeB 告警信息

把"告警浏览"窗口或"告警日志查询"窗口中的部分或全部告警记录保存为.txt 或.htm 或.csv 格式的文件，以便后续查看。

文件中记录以下信息：告警流水号、告警名称、告警级别、发生/恢复时间、告警 ID、事件类型、模块 ID、定位信息、告警类型、局向名。操作如下：

（1）在"告警浏览"窗口或"告警日志查询"窗口中，保存全部或部分告警。如果保存全部告警，则单击鼠标右键，选择"保存全部告警"；如果保存部分告警，则先使用鼠标和辅助键（"Ctrl"或"Shift"）选中需要保存的告警，然后单击鼠标右键，选择"保存选中告警"。弹出"保存文件"对话框，如图 5-23 所示。

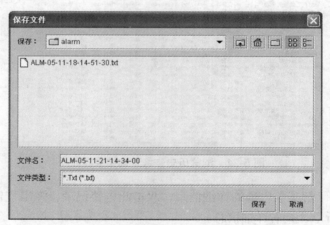

图 5-23　保存选中告警界面

（2）输入文件名并选择保存路径和文件类型。单击"保存"，保存告警信息。

系统默认保存路径为："安装目录\client\output\main\NodeB\软件版本号\alarm"。默认文件名格式为"ALM-年-月-日-时-分-秒.txt"，如"ALM-05-11-07-15-42-37.txt"。

---

5. 手工打印告警信息

操作员可以打印"告警浏览"窗口或"告警日志查询"窗口中的部分或全部告警记录。操作如下：

（1）在"告警浏览"窗口或"告警日志查询"窗口中，打印全部或部分告警。如果打

印全部告警，单击鼠标右键，选择"打印全部告警"；如果打印部分告警，首先使用辅助键
（"Ctrl"或"Shift"）和鼠标选中需要打印的告警信息，然后单击鼠标右键，选择"打印选
中告警"。弹出"打印"对话框，如图 5-24 所示。

图 5-24　打印选中告警界面

（2）根据需要进行打印设置。单击"打印"，完成打印。

6. 查询告警处理建议

查询本地维护终端为每条告警记录提供的详细告警帮助信息。详细告警帮助信息包括：
告警含义、对系统的影响、系统自处理过程、告警处理建议。操作如下：

（1）在"告警浏览"窗口或"告警日志查询"窗口中，双击某告警记录，弹出"告警
详细信息"对话框，如图 5-25 所示。

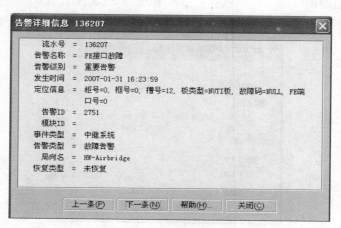

图 5-25　告警详细信息界面

（2）在"告警详细信息"对话框中，单击"帮助"，弹出此告警记录的联机帮助，如图
5-26 所示。

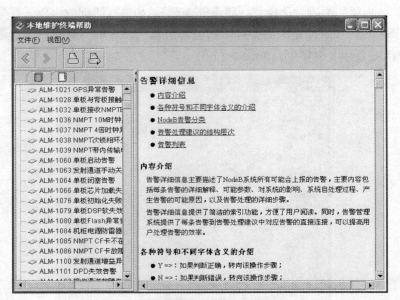

图 5-26　告警记录的联机帮助界面

（3）查看帮助，获取告警处理建议或其他信息。

7. 屏蔽 NodeB 告警

屏蔽 NodeB 告警，是指对该告警不保存，也不上报本地维护终端。不屏蔽 NodeB 告警，是指对该告警进行保存，并上报本地维护终端，从而能够查询该告警。

对已经产生的告警进行屏蔽设置，不会屏蔽已上报的该告警，只会屏蔽下次产生的告警；对已经产生的告警进行屏蔽设置，NodeB 会将该告警恢复，该告警显示为已恢复。操作如下：

（1）在"本地维护终端"中，选择"故障管理 > 告警配置查询"，弹出"查询告警配置"对话框，如图 5-27 所示。

图 5-27　查询告警配置界面

其中，"修改标志"可以选择"已修改"、"未修改"、"全部"，缺省为"全部"。"修改"是指修改告警的配置信息，包括告警级别、屏蔽标志和上报告警箱标志。一旦对这些信息进行修改，系统便将其标识为已修改。对于 NodeB 而言，由于不支持上报告警箱标志的修改，所以屏蔽标志和修改标志是完全一样的，只要修改了屏蔽标志，修改标志即会标识为已修改。

（2）在对话框中，设置查询条件。单击"确定"，弹出"查询告警配置"窗口，显示查询结果。

（3）选中一条需要修改的告警记录，单击鼠标右键，弹出快捷菜单，选择"告警配置修改"，弹出"告警配置修改"对话框，如图 5-28 所示。

（4）在对话框中，修改"屏蔽标志"。单击"确定"，完成修改。

图 5-28　告警配置修改界面

8. 清除告警

在浏览或查询告警时，用户可清除已恢复的故障告警信息。操作如下：

（1）在"告警浏览"窗口或"告警日志查询"窗口，单击鼠标右键，弹出快捷菜单。

（2）根据不同需要，选择不同操作。如表 5-11 所示。

表 5-11　　　　　　　　　　　　　　清除告警操作

如果...	则...
清除全部恢复告警	清除窗口中所有已恢复的故障告警信息。适用范围："故障告警浏览"窗口、"告警日志查询"窗口
清除当前窗口	清除窗口中所有告警。适用范围："故障告警浏览"窗口、"事件告警浏览"窗口
清除所选恢复告警	清除所选择的已恢复告警。适用范围："告警日志查询"窗口

9. 刷新告警窗口

当用户浏览或查询告警时，可以通过手动刷新来更新窗口中的告警信息。操作如下：

在"故障告警浏览"窗口或"告警日志查询"窗口中，单击鼠标右键，弹出快捷菜单，选择"手动刷新"。

　　　　　　在"故障告警浏览"窗口中，浏览告警以实时的方式进行，手动刷新后，恢
注意　复的告警记录将不再出现在"告警浏览"窗口中。

5.2.4　NodeB 常见的故障定位及处理

1. 故障定位

（1）硬件类故障

硬件类故障指 NodeB 各单板、RRU、风扇、电源模块等发生故障导致的异常现象。

故障现象有：

■　面板指示灯异常。

■　LMT、OMC 有相关告警。

■ 通过 LMT 查询硬件状态为"不可用"。

（2）传输类故障

传输类故障指 NodeB 与 RNC 间 Iub 接口及 NodeB 内部 BBU 与 RRU 间的光纤接口不通导致的异常现象。

故障现象有：

■ LMT、OMC 有相关告警。

■ BBU 与 RRU 间光纤故障，BBI 板上指示灯变红，在 LMT-B 通过 DSP PORT 命令可查到其状态为"不可用"。

■ Iub 接口故障，在 LMT-B 通过 DSP E1T1，DSP IMALINK，DSP IMAGRP 命令可查其状态为"不可用"。

（3）小区类故障

小区类故障指小区不能正常建立或小区不能提供服务等故障。

故障现象有：

■ LMT、OMC 有相关告警。

■ 在 LMT-B 通过 DSP LOCALCELL 命令查询小区状态为"不可用"。

■ 通过业务测试，小区不能提供服务。

2. 故障处理方法

（1）硬件类故障

硬件类故障处理相对简单，主要通过复位、倒换、替换等手段来解决。

① 复位

■ 通过 LMT-B 的 RST BRD 命令进行复位；

■ 通过单板面板上的 Reset 按钮进行复位；

■ 开关电源进行复位。

② 倒换

确认是单板问题还是槽位背板问题。

③ 替换

用其他板卡替换有问题的板卡。

（2）BBU 与 RRU 间传输故障

首先排查光口是否接错，然后检查光纤收发是否接反，最后进行倒换定位确定是光纤问题还是光模块问题，并用其他硬件替换出问题的硬件。

（3）物理链路 E1T1 状态为"不可用"

此问题可以确认为 RNC 与 NodeB 间的物理链路问题，如果在 NodeB 侧定位问题，需要从 RNC 侧开始向 NodeB 自环，每个传输节点均需自环来定位问题发生位置；如确认链路没有问题，问题应该出现在 NodeB 内部，可以考虑更换主控单元（MPT）来确认问题。

（4）ATM 层、传输层、无线层对象状态为"不可用"

此问题可以确认不是物理链路问题。需检查数据配置，包括各层之间需对应的参数和与 RNC 需对应的参数。

（5）PATH 不可用

PATH 是指从 RRU 到智能天线阵的射频跳线。通过倒换、替换定位射频跳线问题，如果确认不是射频跳线问题，则问题有可能出现在 RRU 或天线阵。

（6）GPS 不可用

此问题一般为 GPS 模块硬件问题所致，替换新模块可以解决此问题。

（7）SYNCNODEB 不可用

SYNCNODEB 是个功能类对象，其对应的物理资源包括：GPS 模块、GPS 馈线、GPS 天线。

■　GPS 馈线故障：主要检查其接头是否松动，馈线是否损坏，长度是否符合要求。

■　GPS 天线故障：首先检查其安装位置是否符合要求，如符合要求建议更换新天线。

3．故障处理实例

（1）BBU—RRU 光路不通

分析：一般伴随 RRU 掉电告警，如果没有掉电，则是光路故障。

处理建议：

■　检查 RRU 光纤是否有损坏，光口是否被污染；

■　RRU 侧光缆自环；

■　BBU 侧光缆自环；

■　测试光功率；

■　检查光模块，更换好的看是否解决；

■　更换光缆。

（2）从采集的 NodeB 单板温度数据发现 BPC 板温度偏高

分析：当前的温度还不会影响业务，所以暂时还不会看到高温类的告警，但是如果单板长期处于高温状态，会对单板器件稳定工作造成影响，所以需要尽早处理。

处理建议：

■　检查空调是否正常，降低 NodeB 所处环境的温度；

■　清理 NodeB 的防尘网；

■　检查面板安装情况，不要留有未安装假面板而造成裸露槽。

5.2.5　任务与训练

任务书 1：NodeB 告警系统属性配置

任务书要求：

主题	NodeB 告警属性配置
任务详细描述	1．设置 NodeB 告警闪烁提示 2．查询告警处理建议 3．屏蔽 NodeB 告警

任务书 2：NodeB 常见故障处理

任务书要求：

主题	NodeB 常见故障处理
任务详细描述	1．定位和处理 NodeB 模块的硬件故障 2．检查和处理 BBU 与 RRU 间传输故障 3．处理"SYNCNODEB 不可用"的故障

5.2.6　考核评价

学习任务：_____　　班级：_____

小组成员：_____

姓名	项目完成情况	
	正确完成告警属性配置（40）	正确处理常见故障（60）

教师评价：

5.3 　基站辅助设备的运行与维护

5.3.1　通信电源的运行维护

1. 通信电源的系统构成

通信电源一般由 3 部分组成。

(1) 交流供电系统

由高压配电所、降压变压器、油机发电机、UPS 和低压配电屏组成。

(2) 直流供电系统

由高频开关电源（AC/DC 变换器）、蓄电池、DC/DC 变换器和直流配电屏等部分组成。

(3) 接地系统

包括：交流工作接地、保护接地、防雷接地、直流工作接地、机壳屏蔽接地等。

2. UPS 原理与维护

(1) UPS 系统简介

UPS，即 Uninterruptible Power System，交流不间断供电电源系统的英文缩写，是一种含有储能装置，以逆变器为主要组成部分的恒压恒频的不间断电源。

UPS 系统由整流模块、逆变器、蓄电池、静态开关等组成。整流模块（AC/DC）和逆变器（DC/AC）都为能量变换装置，蓄电池为储能装置。除此还有间接向负载提供市电电源（或备用电源）的旁路装置。

UPS 可分为以下 3 类。

① 后备式 UPS（Off Line）

当市电异常（市电电压、频率超出后备式 UPS 允许的输入范围或市电中断）时，后备式 UPS 通过转换开关切换到电池状态，逆变器进入工作状态，此时输出波形为交流正弦波或方波。

后备式 UPS 的优点是：结构简单、价格便宜、噪声低；其缺点是：只有在蓄电池供电的有限时间内，负载方可得到高质量的交流电压。后备式 UPS 存在切换时间，一般为 4ms～10ms，对一般的设备的工作不会造成影响。

② 在线互动式（On Line Interactive）

在线互动式指在输入市电正常时，UPS 的逆变器处于反向工作给电池组充电，在市电异常时逆变器立刻投入逆变工作，将电池组电压转换为交流电输出。

③ 在线式 UPS（On Line）

在线式 UPS 即 UPS 逆变器始终处于工作状态。

其优点是供电质量高，缺点是结构复杂、价格高。

(2) UPS 系统维护规程

① UPS 主机现场应放置操作指南，指导现场操作。

② UPS 的各项参数设置信息应全面记录、妥善归档保存并及时更新。

③ 检查各种自动、告警和保护功能均应正常。

④ 定期进行 UPS 各项功能测试，检查其逆变器、整流器的启停、UPS 与市电的切换等是否正常。

⑤ 定期检查主机、电池及配电部分引线及端子的接触情况，检查馈电母线、电缆及软连接头等各连接部位的连接是否可靠，并测量压降和温升。

⑥ 经常检查设备的工作和故障指示是否正常。

⑦ 定期查看 UPS 内部的元器件的外观，发现异常应及时处理。

⑧ 定期检查 UPS 各主要模块和风扇电机的运行温度有无异常。

⑨ 保持机器清洁，定期清洁散热风口、风扇及滤网。

⑩ 定期检查并记录 UPS 控制面板中的各项运行参数，便于及时发现 UPS 异常状态。其中电池自检参数宜每季记录一遍，如设备可提供详尽数据的，可作为核对性容量试验的参数，以此作为电池状态的定性参考依据。

⑪ 经常察看告警和历史信息，发现告警及时处理并分析原因。

⑫ 当输入频率波动频繁且速率较高，超出 UPS 跟踪范围时，严禁进行逆变/旁路切换的操作。在油机供电时，尤其应注意避免这种情况的发生。

⑬ UPS 宜使用开放式电池架，以利于蓄电池的运行及维护。

⑭ 对于 UPS 使用的蓄电池，应按照产品技术说明书以及关于蓄电池维护的要求，定期维护。

3. 直流供电系统原理与维护

(1) 直流供电系统简介

直流供电系统的设备构成一般分为以下 3 个部分。

① 整流模块部分

主要作用是把交流电源转换为直流电源，分为相控整流电源和开关整流电源。目前主要使用开关整流电源模块。

② 蓄电池部分

主要负责在市电断电后向负载供电。

③ 直流配电部分

主要负责电源的配出和电源的保护。

开关整流电源具有以下特点：效率高（在额定负载的 20%以上的时候，效率最高，达到 90%以上）；体积小（主要的原因是采用高频变压器）；电气公害小（有害谐波小）；噪声小。

(2) 直流供电系统的维护介绍

① 直流供电系统的一般维护

变流设备应安装在干燥、通风良好、无腐蚀性气体的房间，室内温度应不超过 30℃；高频开关型变流电源设备宜放置在有空调的机房，机房温度不宜超过 28℃。

开关电源各整流模块不宜工作在 20%负载以下，如系统配置冗余较大可轮流关掉部分整流器以调整负荷比例，作为冷备份的模块宜放置在机架下方。

② 变流设备维护的一般要求

■ 输入电压的变化范围应在允许工作电压变动范围之内。工作电流不应超过额定值，各种自动、告警和保护功能均应正常。

■ 宜在稳压并机均分负荷的方式下运行。

■ 要保持布线整齐，各种开关、熔断器、插接件、接线端子等部位应接触良好。

■ 机壳应有良好的接地。

■ 备用电路板、备用模块应每年定期试验一次，以保持性能良好。

③ 开关电源维护周期检查项目：

Ⅰ 月检查项目

■ 检查浮充电压、电流是否正常。

■ 检查模块液晶屏显示功能是否正常、翻看告警记录。

■ 测量直流熔断器压降或温升、汇流排的温升有无异常。

■ 检查各模块负载均分性能。

■ 检查各整流模块风扇运转是否正常。

■ 清洁设备，特别注意风扇、滤网的清洁，保证无积尘。

Ⅱ 季检查项目

■ 检查系统直流输出限流保护功能。

■ 检查整流器各告警点设置，测试必要的告警功能。

■ 测试系统自动均、浮充转换功能。

■ 检查各项电池管理功能，并调整均、浮充电压、充电限流、均充周期及持续时间等各项参数，校对均、浮充电压设定值。

■ 检查各开关、继电器、熔断器以及各接触元器件是否正常工作，容量是否匹配（包括交、直流配电屏）。

■ 测量中性线电流以及对地电压。

■ 检查防雷设备能否正常。

Ⅲ 年检查项目

■ 测量衡重杂音电压。

■ 校准系统电压、电流值。

■ 检查各机架接地保护是否紧固牢靠。

■ 测试备用模块。

4. 蓄电池原理与维护

（1）蓄电池组的基础知识

目前通信机房内使用的电池绝大多数为阀控式少维护铅酸蓄电池，简称为免维护蓄电池（VRLA）。它的主要特点是维护量小、无酸雾和氢气逸出、对安装环境无需做特别的防酸、防爆和通风处理，因此可以和其它电气设备安装在一起，适合分散式供电要求。

它对安装地点的环境温度有一定要求，温度过低会影响电池的放电性能，温度过高会影响电池的使用寿命。具体环境温度视具体的设备略有不同，一般最佳的环境温度在20℃～25℃之间。

阀控式铅酸蓄电池分为两种类型：胶体式和吸附式。

（2）蓄电池组的维护规程

① 阀控密封蓄电池运行环境的要求

阀控式密封蓄电池（包括 UPS 蓄电池，以下简称密封蓄电池）可不专设电池室，但运行环境应满足以下要求：

■ 安装密封蓄电池的机房应配有通风换气装置，温度不宜超过 28℃，建议环境温度应保持在 10℃～25℃之间。

■ 避免阳光对电池直射，朝阳窗户应作遮阳处理。

■ 确保电池组之间预留足够的维护空间。

■ UPS 等使用的高电压电池组的维护通道应铺设绝缘胶垫。

② 密封蓄电池的一般维护

■ 密封蓄电池和防酸式电池禁止混合使用在一个供电系统中；不同规格、型号、设计使用寿命的电池禁止在同一直流供电系统中使用；新旧程度不同的电池不应大量在同一直流供电系统中混用。

■ 密封蓄电池和防酸式电池不宜安放在同一房间内。

■ 如具备动力及环境集中监控系统，应通过动力及环境集中监控系统对电池组的总电压、电流、标示电池的单体电压、温度进行监测，并定期对蓄电池组进行检测。通过电池监测装置了解电池充放电曲线及性能，发现故障及时处理。

■ 需经常检查下列项目，发现问题及时处理：

➢ 极柱、连接条是否清洁，是否有损伤、变形或腐蚀现象。

➢ 连接处有无松动。

➢ 电池极柱处有否爬酸、漏液；安全阀周围是否有酸雾、酸液逸出。

➢ 电池壳体有无损伤、渗漏和变形。

➢ 电池及连接处温升是否有异常。

➢ 据厂家提供的技术参数和现场环境条件，检查电池组及单体均、浮充电压是否满足要求，浮充电流是否稳定在正常范围。

➢ 检测电池组的充电限流值设置是否正确。

➢ 检测电池组的告警电压（低压告警、高压告警）设置是否正确。

➢ 如直流系统中设有电池组脱离负载装置，应检测电池组脱离电压设置是否准确。

（3）密封蓄电池的充放电

① 密封蓄电池的均衡充电：

一般情况下，密封蓄电池组遇有下列情况之一时，应进行均充（有特殊技术要求的，以其产品技术说明书为准），充电电流不得大于 0.2C10A，充电方式参照充电时间—电压对照表：

■ 浮充电压有两只以上低于 2.18V/只时。

■ 搁置不用时间超过三个月时。

■ 全浮充运行达 6 个月时。

■ 放电深度超过额定容量的 20%时。

② 密封蓄电池充电终止的判据：

- 充电量不小于放出电量的 1.2 倍。
- 充电后期充电电流小于 0.005C10A。
- 充电后期，充电电流连续 3 小时不变化。

达到上述三个条件之一，可视为充电终止。

③ 蓄电池的放电：

- 每年应做一次核对性放电试验（对于 UPS 使用的密封蓄电池，宜每季一次），放出额定容量的 30～40%。
- 对于 2V 单体的电池，每三年应做一次容量试验。使用六年后应每年一次（对于 UPS 使用的 6V 及 12V 单体的电池应每年一次）。
- 48V 系统的蓄电池组，放电电流不得大于 0.25C10A。
- 蓄电池放电期间，应定时测量单体端电压、单组放电电流。有条件的，应采用专业蓄电池容量测试设备进行放电、记录、分析，以提高测试精度和工作效率。

④ 密封蓄电池放电终止的判据：

- 对于核对性放电试验，放出额定容量的 30～40%。
- 对于容量试验，放出额定容量的 80%。
- 电池组中任意单体达到放电终止电压。对于放电电流不大于 0.25C10A，放电终止电压可取 1.8V/2V 单体；对于放电电流大于 0.25C10A，放电终止电压可取 1.75V/2V 单体。

达到上述 3 个条件之一，可视为放电终止。

5.3.2　基站防雷保护系统

1. 雷电防护简介

基站机房设备避免雷击的常见途径：

（1）疏导

将雷云中的带电荷通过接地装置疏导至大地，从而避免雷击电流流经被保护的建筑物或设备。

（2）隔离

将雷电信号和通信设备隔离开来从而避免雷击。

（3）等位

将天线铁塔接地、工作接地、通信建筑物的公共接地等置于同一电位。

（4）消散

即释放出异性电荷和雷云中的电荷进行中和，从而阻止雷电的形成。

雷电防护的基本原则：

（1）系统防护措施（如图 5-29 所示）。

（2）多级防护原则（如图 5-30 所示）。

（3）系统防护措施

系统防护措施分为：外部防雷系统和内部防雷系统。

外部防雷系统可以防止"直击雷"的破坏。它由避雷针、引下线、接地地网等组成，构成完整的电气通路将雷电流泄入大地。可以通过合理地设计避雷针的保护角和良好的接

地系统来保护天线馈线系统和机房建筑物。

内部防雷系统可以防止感应雷和雷电电磁脉冲波（LEMP）的破坏。内部防雷系统及措施包含：屏蔽、防雷器、等电位连接、过电压保护等。

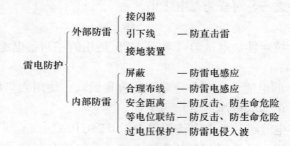

图 5-29　系统防护措施

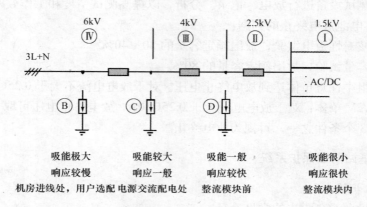

图 5-30　多级防护原则

2. 通信设备的防雷措施

通信基站设备防雷保护接地系统包括：建筑物地网、铁塔地、电源地、逻辑地（也称信号地）、防雷地等。

（1）通信基站接地系统（如图 5-31 所示）。

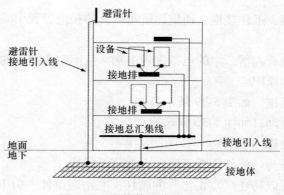

图 5-31　通信基站接地系统

接地体指埋入土壤中或混凝土基础中作散流用的导体，分人工接地体和自然接地体两种。接地网是把需要接地的各系统，统一接到一个地网上或者把各系统原来的接地网通过地下或者地上用金属连接起来，使它们之间成为电气相通的统一接地网。

（2）设备内部系统接地设计（如图 5-32 所示）。

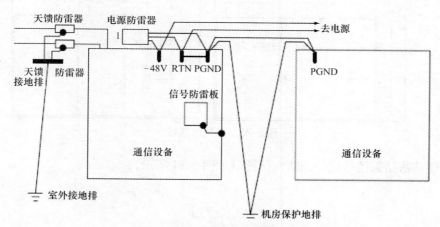

图 5-32　设备内部系统接地

（3）接地注意事项

■　接地线严禁从户外架空引入，必须全程埋地或室内走线。

■　接地线不宜与信号线平行走线或相互缠绕。

■　接地线应选用铜芯导线，不得使用铝材。

■　保护地线应选用黄绿双色相间的塑料绝缘铜芯导线。

■　保护地线上严禁接头，严禁加装熔断器或开关。

■　接地端子必须经过防腐、防锈处理，其连接应牢固可靠。

■　通信设备到用户接地排的距离不应超过 30m，且越短越好；当超过 30m 时，应要求用户重新就近设置接地排。

■　机房内具有金属外壳的设备都应该做保护接地（如 DDF 架，小型台式设备等）。

■　通信设备的工作接地、保护接地、建筑物的防雷接地应共用一组接地体，即采用联合接地的方式。

■　通信设备的接地必须和建筑物的防雷接地共用一个地网。

（4）接地时常见的几个问题

■　无法提供机房保护接地排时，可以考虑将机房 AC/DC 电源设备的 48V 正极排当做机房的保护接地排，但必须保证 AC/DC 电源设备的电源 48V 正极排是可靠接大地的。

■　机房无保护接地排时，设备可以通过电源软线中的 PE 线做保护接地，但需要掌握设备的额定电流，确保用户提供的公网电源插座中的 PE 端子已经可靠接地。

■　所有 DDF 架的外壳应做保护接地。DDF 架要求 E1 同轴电缆的外皮与金属机壳良好接触。

■　终端设备不能只利用逆变器电源插座中的接地端做保护接地，终端设备自身还需要引出单独的保护接地线。

（5）基站内等电位连接基本要求（如图5-33所示）。

当基站接闪或从电源线感应电流时，即使通过以上措施，雷电感应电流也会或多或少地进入机房。此时，站内等电位的连接就至关重要。

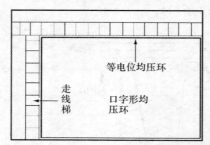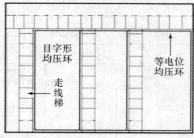

图5-33　等电位连接

（6）移动基站天馈系统外部防雷接地（如图5-34所示）。

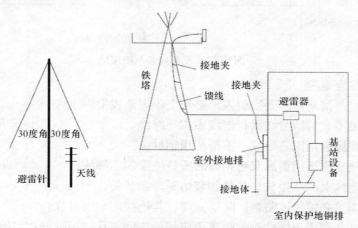

图5-34　移动基站天馈系统外部防雷接地

（7）基站内部布线防雷

进入通信基站的低压电力电缆：

■　宜埋地引入，电缆埋地长度宜不小于50m；

■　宜采用具有金属铠装屏蔽层的电缆（或穿金属管屏蔽）；

■　屏蔽层两端接地（或金属管两端接地）。

进入基站的信号电缆：

■　应埋地后进入通信基站；

■　信号电缆应采用屏蔽电缆（或穿金属管）；

■　信号电缆的屏蔽层（或金属管）建议两端接地；

■　信号电缆进入室内后应在设备的对应接口处加装信号避雷器保护；

■　信号避雷器的保护接地线应尽量短。

进入通信局站的光缆：

■　若光缆中含有金属加强筋，则加强筋在机房内应可靠的连接到机房的保护接地排；

■ 如果加强筋没有做接地处理，雷击时加强筋很可能对接地物体发生绝缘击穿，从而产生瞬间高温，严重时可以使光纤融化。

综合通信大楼的接地电阻宜不大于 1Ω；移动通信基站的接地电阻值应小于 5Ω，对于年雷暴日小于 20 天的地区，接地电阻值可小于 10Ω。

5.3.3 任务与训练

任务书 1：基站辅助设备维护 1

任务书要求：

主题	通信电源的维护
任务详细描述	1. 按维护规范的要求编制通信电源系统的维护检查表格 2. 对通信电源进行维护检查并填写表格记录

任务书 2：基站辅助设备维护 2

任务书要求：

主题	防雷接地系统的维护
任务详细描述	1. 按维护规范的要求编制防雷接地系统的维护检查表格 2. 对防雷接地系统进行维护检查并填写表格记录

5.3.4 考核评价

学习任务：_____ 班级：_____

小组成员：_____

姓名	项目完成情况		
	按规范完成通信电源维护检查表格编制并填写检查记录（30）	按规范完成防雷接地系统维护检查表格编制并填写检查记录（30）	按规范完成天馈和空调系统维护检查表格编制并填写检查记录（40）

教师评价：

169

参 考 文 献

[1] 姜波. WCDMA 关键技术详解（第二版）. 北京：人民邮电出版社，2012.

[2] 李斯伟. WCDMA 无线系统原理及设备维护（华为版）. 北京：人民邮电出版社，2011.

[3] 王立宁. WCDMA 无线接入网原理与实践. 北京：人民邮电出版社，2009.

[4] 韦泽训，董莉，阳旭艳，张绍林. GSM&WCDMA 基站管理与维护. 北京：人民邮电出版社，2011.

[5] 张传福. 第三代移动通信——WCDMA 技术、应用及演进. 北京：电子工业出版社，2009.

[6] 叶银法. WCDMA 系统工程手册. 北京：机械工业出版社，2006.

[7] 陈良萍. WCDMA 原理及工程实现. 北京：机械工业出版社，2004.

[8] 王学龙. WCDMA 移动通信技术. 北京：清华大学出版社，2004.

[9] 杜庆波. 3G 技术与基站工程. 北京：人民邮电出版社，2008.

[10] 魏红，黄慧根. 移动基站设备与维护. 北京：人民邮电出版社，2009.